U1017621

A Quick Guide to Behaviour Management in the Early Years

# 0–8岁儿童行为管理

## —— 教师好用的99个策略 ——

[英] 埃米莉·布洛克（Emily Bullock）
西蒙·布朗希尔（Simon Brownhill） 著

郭莉萍 译

中国轻工业出版社

**图书在版编目（CIP）数据**

0—8岁儿童行为管理：教师好用的99个策略 /（英）埃米莉·布洛克（Emily Bullock），（英）西蒙·布朗希尔（Simon Brownhill）著；郭莉萍译. -- 北京：中国轻工业出版社，2025. 7. -- ISBN 978-7-5184-5552-2

Ⅰ. B844.1

中国国家版本馆CIP数据核字第202534Y7U3号

**版权声明**

A Quick Guide to Behaviour Management in the Early Years © Emily Bullock and Simon Brownhill，2011

'Positive Praise', 'Puppets', 'Pictures and Posters', 'Stories', 'Parachutes', 'Whistle or Bell', 'Stamps', 'Learning Mentors', 'School Council', 'Educational Psychologists', 'Stickers', 'Outdoor Area', 'Music Sessions', 'Breakfast/After School Clubs', 'End of Term/Year Awards Assembly', 'Physical Games', 'Diet', 'Sand Timers', 'Reward Charts' and 'Extra Playtime' © Helen Wilson, 2011

Original English language edition published by SAGE Publications Inc. All rights reserved.

本书原版由SAGE出版公司出版。本书中文简体字翻译版由SAGE出版公司授权中国轻工业出版社独家出版发行，该出版公司在美国、伦敦和新德里等均设有主要的办事处。此版本仅限在中华人民共和国境内（不包括中国香港特别行政区、中国澳门特别行政区及中国台湾）销售。

责任编辑：牟　聪　李芳芳　　责任终审：张乃柬
策划编辑：吴　红　牟　聪　　责任校对：刘志颖　　责任监印：吴维斌

出版发行：中国轻工业出版社（北京鲁谷东街5号，邮编：100040）
印　　刷：三河市鑫金马印装有限公司
经　　销：各地新华书店
版　　次：2025年7月第1版第1次印刷
开　　本：710×1000　1/16　印张：15.5
字　　数：200千字
书　　号：ISBN 978-7-5184-5552-2　定价：62.00元
读者热线：010-65181109
发行电话：010-85119832　010-85119912
网　　址：http://www.chlip.com.cn　http://www.wqedu.com
电子信箱：1012305542@qq.com
版权所有　侵权必究
如发现图书残缺请拨打读者热线联系调换
242086Y1X101ZYW

# 译者序

对于学前教育工作者和家长而言，儿童行为管理始终是一个充满挑战的课题。在日常教育场景中，我们常常会遇到各种儿童行为问题：有的孩子难以安静就座，有的孩子不愿分享玩具，有的孩子容易情绪失控。面对这些情况，坚持教育原则固然重要，但如何把握“严格”与“严厉”的界限也是每位教育者需要关注的问题。

严格，意味着对行为规范的一丝不苟和始终如一——它能帮助孩子建立良好的行为习惯；而严厉，则往往伴随着生硬的斥责和威胁，不仅会给孩子带来消极的情绪体验，还可能激发其更强烈的对抗行为。那么，如何在轻松愉快的氛围中引导孩子遵守规则？如何让行为管理变得巧妙而自然？这本书为我们提供了令人耳目一新的解答。

本书彻底改变了我对儿童行为管理的认知——原来教育可以如此充满智慧与乐趣！作者将这一严肃的教育课题分解为十章的内容，通过生动的案例、清晰的步骤说明、实用的操作贴士、优势分析、调整建议、思考问题以及资源链接等多种形式，呈现了近百个简单易行的教育妙招。全书深入浅出、图文并茂，所有策略都立足日常教育场景，所介绍的材料易得，操作简便，具有极强的实用性。

在翻译过程中，书中的创意方法不断给我带来惊喜。“行为观察镜”就是一个绝妙的例子：当教师手持“行为观察镜”寻找表现良好的孩子时，孩子们既会感到新奇有趣，又会积极争取成为“镜头”中的焦点。同样令人称道的还有很多视觉化工具，如交通灯和“停止—前进”卡。这些策略既直观又有效，以“停止—前进”卡为例：教师举起红色卡片，孩子们立即安静下来；教师出示绿色卡片，专注听讲的孩子就能及时获得表扬。而“安抚抱枕”和“思考椅”的设计则体现了对儿童情绪的充分尊重，前者可以让儿童通过安全的方式释放负面情绪，后者为他们提供了平复心情的独立空间。

现代教育研究一再证明：唯有在充满关爱与支持的环境中，儿童才能获得最佳发展。这本书就像一位经验丰富的教育伙伴，为读者提供了系统而实用的儿童行为指导方案。它既丰富了教师的教育策略，也为建立和谐的师幼关系架设了桥梁。相信书中的方法不仅能帮助教师有效改善儿童不良的行为，更可以让教育过程充满温情与快乐。

衷心希望这本书能为更多的教育工作者和家长带来启发，让我们共同为孩子们营造更美好的成长环境。现在，就让我们一起打开这本书，开启一段充满惊喜的教育探索之旅吧！

**郭莉萍**

**西北师范大学**

# 前 言

## 有关儿童行为管理的现状

目前，儿童行为管理仍然是教育领域持续关注的重点。为了实现最佳学习效果，改善那些行为不端的儿童的表现至关重要。行为问题可能会中断课程，影响教师组织的活动，甚至可能改变所有相关人员在活动中的心态。儿童不良的行为会对教师有效施教以及确保儿童实际学习的效果产生重大的影响，但教师可以通过坚持不懈和一致的、创造性的应对策略，让儿童的行为得到有效的控制。这一观点得到了英国教育标准局（Ofsted，2006）的支持，他们主张“如果所有教师使用有效的策略，那么在相对较短的时间内学校里低级别的干扰行为将会减少”。

毫无疑问，优秀的教育工作者都在努力营造一个孩子们能够安心学习、教师也能有效地传授知识的和谐的工作环境。英国《早期基础阶段法定框架》[①]（DCSF[②]，2008a）的颁布和小学教育环境的发展（见 *The Primary Review*，DCSF，2008b）意味着在管理行为方面更加需要连贯性和一致性。研究表明，正在努力争取教育资格证书的教育实践者，以及那些刚进入教育行业的新教师，都对儿童行为管理策略有需求。重要的是，这些策略应当易于获取和实施，从而避

① 即 Early Years Foundation Stage（EYFS），指针对英国 0—5 岁婴幼儿学习、发展与保育的标准。——译者注

② 其全称为“Department for Children, Schools and Families”，中文意思为“儿童、学校和家庭部”，具体指负责儿童、学校和家庭事务的政府部门。——译者注

免儿童的不良行为影响教育标准的落实。

这本书专门针对“有效策略”进行撰写，包含近百种实用策略，这些策略可供早期教育和小学一年级的教师使用，以支持 0—8 岁儿童的行为管理。本书涉及长期、中期和短期内的行为管理策略，并探讨了如何将这些策略融入行为管理中，从而支持教师的日常教学实践。这些策略不仅实用，而且在设计和应用上都强调“实操性”，教师可以根据行为发生的环境和情境，获得管理多样化行为的有效支持。本书涵盖了丰富的肢体、言语、思维和视觉策略，可供教师挑选。

本书旨在支持教师选择、采用、调整和评估他们在实践中的行为管理策略。在为教师提供丰富的想法、建议和技巧的同时，这本书还通过支持教师分析、反思并适当地改变环境中已有的实践，引导教师采用一种批判性反思的方法来对待行为管理。

## 为什么撰写这本有关行为管理的书?

我们撰写这本书的动力源自我们对 0—8 岁教育的热忱，还有我们拥有的广泛而丰富的教育经验。本书的撰写基于需求和呼声。教育工作者总是在寻找有效处理行为问题的方法，学生和教师需要在教育环境中得到良好的支持。虽然我们不能声称我们从未遇到过无法处理的行为问题，但我们的实践是在反思、分析、研究、参加会议和提升专业技能的过程中得到发展和完善的。这本书是我们阅读、尝试、听说和测试过的实践汇编。我们当然不是在宣称这本书是“答案”；行为管理是一个应用、评估和反思的持续过程。这本书确实为教师提供了丰富的策略，供教师应对可能出现的儿童行为问题。

本书并未旨在满足具体、特殊的行为管理需求；然而，它确实提供了一些策略，可以应用于主流环境中具有个人需求并表现出各种行为问题的儿童。书中的许多策略都可以在教师的指导与支持下，由家长在家里使用，这些内容在书中均被突出标注。我们认为这是本书的支持性方面，因为我们认识到家长有时会在管理儿童方面感到困难。行为和成就之间的直接关系是家长关心的内容。他们认识到，如果孩子在学校或教育环境中表现不佳，那么孩子可能无法充分发挥学习潜力。另一方面，教师意识到，如果他们忙于管理扰乱课堂的儿童，那么其他儿童的学习可能会受到影响。解决这两个问题的方法是专注于将有效的行为管理策略整合到他们的“策略组合”中——这正是本书发挥作用的地方！

考虑儿童为什么会出现行为问题很重要。儿童为什么会表现不佳？在教育环境中，儿童表现不佳有很多原因，如下所列：

◆ 家庭中缺乏积极的影响因素；

◆ 家庭中出现问题，可能包括家庭纠纷、经济问题或健康问题等；

◆ 媒体的影响——儿童受暴力游戏、电影和音乐的影响；

◆ 早年生活中缺乏男性角色模型；

◆ 教学女性化；

◆ 同龄人的影响。

英国教育标准局（Ofsted，2007）非常关注学校中儿童的行为问题。有观点指出，同龄人的影响尤其可能导致帮派文化的形成，当前的社会影响正在改变儿童的游戏、发展和行为方式。有年仅 8 岁的儿童因为反社会行为而收到行为禁止令。我们相信，学校应该被视为儿童的安全之地，学校教育环境的好坏不应该仅仅根据学术成绩和奖项来评判，还应该根据儿童的行为来评判。我们相信本书将支持教育工作者为儿童提供这样的“安全之地”。

## 行为管理理论

在管理儿童的行为时，一个重要的考虑因素是理解理论与实践之间的关系。虽然本书旨在探索儿童行为管理策略的应用，但是我们认为强调一些优质的教育基础理论也很重要。这些理论有助于我们加深对行为管理的理解和认识，为本书的内容提供了重要的依据。

### 皮亚杰（Piaget）

皮亚杰（1951）谈到了智力发展。他提出同化理论，即儿童将新的经验融入现有的图式中。皮亚杰（1951）认为，儿童通过重复学习。因此，为了有效地管理行为，他相信保持教育一致性至关重要。

### 维果茨基（Vygotsky）

维果茨基（引自 Van der Veer et al.，1991）谈到了“最近发展区”。他将儿童视为学徒，认为儿童的发展会受周围文化的影响。这表明，儿童会模仿他人的行为，因此理论上，教师示范积极行为并奖励表现良好的儿童，其他儿童将会效仿，然后被榜样引领。

### 斯金纳（Skinner）

斯金纳（引自 Hardin，2004）相信“行为改变”。在管理环境中的行为时，斯金纳的积极强化理论会发挥作用。这涉及通过使用贴纸和有形的奖励来强化孩子们的积极行为，鼓励他们重复教师期望的行为。

重要的是，行为管理策略不应局限于经典理论的支撑，当前的思想家提出了新的认识，可以帮助教师获得有关行为管理的启发。以下是一些行为管理思想精选。

## 休·考利（Sue Cowley）

考利（2010）认为一致性和积极的行为管理风格至关重要。以下是她的管理原则，她认为这些原则对于有效管理行为必不可少。

- 表述明确
- 保持警觉
- 保持冷静并言行一致
- 保持积极
- 保持兴趣
- 保持灵活
- 坚持

## 保罗·迪克斯（Paul Dix）

迪克斯（2010）强调了他所开发的方法是通过课堂实践和经验提炼出来的，而不是通过理论。迪克斯提出以下要点是行为管理有效的“关键”。

- 清晰地传达期望
- 控制自己的情绪
- 理解学生的需求
- 保持公平和一致
- 管理课堂问题
- 强化积极行为，而不是不断地实施惩罚
- 与学生建立关系

## 西蒙·布朗希尔（Simon Brownhill）

布朗希尔（2008）提出了“保持清晰的认知”（Be Clear）的方法。这种方法包含三个简单的阶段，帮助教师有效地解决行为管理困难。

（1）对你所看到的事情保持清晰的认知——你知道你在观察什么行为吗？你能定义它吗？

（2）对行为产生的原因保持清晰的认知——哪些因素在影响这种行为？

（3）对你将如何处理保持清晰的认知——你打算实施哪些策略来应对观察到的行为？你为什么选择这些策略？

## 本书的构成

本书分为十章：

第一章探讨了围绕教师自身的管理策略；

第二章介绍了教师和儿童可用的管理策略；

第三章鼓励教师考虑“方便的”行为管理策略；

第四章介绍了邀请他人参与行为管理的策略；

第五章提供了有关促进有效沟通的行为管理策略的想法；

第六章集中讨论了各种有助于管理行为的系统和方法；

第七章提出了“定时”管理策略和资源；

第八章提供了有影响力的管理策略；

第九章提供了一系列反思性管理策略；

第十章提供了多种奖励良好行为的策略。

这样组织这些策略，是为了使本书更加方便读者查阅。每一章的结构类似，每条策略的内容被安排在不同的板块中。每一节都提供了以下标准信息，这些信息在不同策略之间可能会略有不同。

- 案例展示了该策略在特定环境中的应用情况，或者是对该策略及其使用方法的解释。

- 实用小贴士，会提供一些充分利用该策略的建议和技巧。
- 调整建议，使该策略适应教师的需求以及教师所在环境中的儿童。
- 优势清单，讨论为什么这种策略有效以及使用它的益处。教师可以先看这一部分，以判断该策略是否适合自己的特定需求。
- 一些思考问题——这些问题将帮助教师进一步深化对该策略的理解并将其内化为自己的策略。
- 与书中其他策略的链接。
- 部分策略包含图片，增添了生动性。我们认为这能为读者在创建资源时提供额外的支持。

这本书的设计旨在鼓励教师与这些策略进行互动。“思考”“调整建议”以及“行为观察记录表”部分都可供教师参考，以帮助教师为所在环境中的儿童选择最佳策略。在运用这些策略的过程中，你还可以对它们进行评价。在书的后面，有一页可以让你通过写下意见、记录你所做的调整以及给尝试过的策略打分（满分 10 分）来反思这些策略的有效性（见附录）。持续调整和更新策略很重要，这样行为管理才能保持新鲜感和有效性。如果你决定重新使用某条策略，那么你可以参考你之前做的笔记和给该策略的评分，从而决定是否再次使用它。

## 指导与建议

在选择策略时，你需要考虑应用特定策略的背景和情境。列出一些问题，帮助你确定要使用哪种类型的策略，然后决定其中哪一种最为合适。如果你面临的行为管理问题是针对某个特定的孩子，那么可以考虑复印附录所包含的三张空白行为观察记录表中的一张，以帮助你在选择策略之前确定关注重点。

**案例**

希尔老师发现管理一年级学生的行为很吃力，于是根据一名朋友的推荐，购买了这本书。希尔老师立即阅读了第一章，因为他觉得“教师个人管理策略”是他需要关注的内容。他参考了“你的声音”这一策略，并仔细阅读了其中的“实用小贴士”。然后他回到教室，尝试了这条声音策略，积极地调整自己的声音。一周后，希尔老师再次翻开这本书，翻到了策略效果评分表；他随后给这一策略打了 9 分，并写下了一些要点——“我低沉的声音似乎能吸引男孩们的注意力。当我使用这种声音时，卡丽似乎有点害怕。这种低沉的声音适合女孩吗？”。

我们坚信，教师在实施本书中所提供的策略时应当遵循一致性原则，这可以使本书发挥最大的影响力；相应地，教师实施这些创意后将看到儿童行为的转变。

所以，继续前进，深入学习，有效地管理行为，享受在一个更快乐、更高效的教育环境中工作吧！

# 目录

## 第一章

# 教师个人管理策略

# 策略 1　你的行为

**说明**

“照我做的去做，而不是照我说的去做”是成人常说的一句话。众所周知，孩子们会模仿成人和同伴的行为。因此，在日常生活中以身作则——展示出我们期望孩子们展现的行为至关重要。我们发出的许多信号甚至不需要言语，我们可以用肢体语言告诉孩子们我们的感受。如果你表现出对交流的冷漠，那么孩子不太可能以积极的方式回应你，进而可能会表现出不恰当的行为。

你的行为和态度也会对班级中孩子的行为产生一定的影响。通过积极的眼神交流，教师展现出鼓励的态度和正面的肢体语言，孩子们会感到更加舒适和安全，他们的行为也会随之改变。

**案例**

查哈尔老师今天过得非常糟糕。她昨天很晚才睡，出门时找不到钥匙，还感冒了。她觉得自己应该卧床休息，但还是坚持来到了学校。上午的情况很糟糕——班里的一年级孩子们异常顽皮，对教师的指导反应冷淡，注意力也很分散。

午后，查哈尔老师下定决心：踏入教室时，多留意自己的肢体语言、与孩子们互动的方式，以及所呈现的态度。随着她开始意识到并调整自己的行为模式，在接下来的时间里，她变得更加愉快，孩子们更易于管理，并且彼此之间也展现出了更多的宽容。教室里弥漫着宁静与快乐的气息，孩子们也因此更专注于学习，行为问题也显著减少。

## 实用小贴士

- 如果一个孩子让你感到不快乐，那么请转身数到10。在短暂的“冷静时间”后，以平静的语气和态度接近孩子。
- 在教室里准备一些甜点。我们在缺乏能量时，更容易发脾气。这是一个快速解决问题的好办法！
- 把个人问题留在门外——孩子们不应该知道你可能遇到的任何个人问题。这不是他们的错，他们也不应该受到你课堂外的个人问题的影响。

## 调整建议

（1）你可能需要根据是在室内还是室外来调整与孩子们互动的方式。你所使用的策略以及向孩子们展示自己的方式，应尽可能保持一致。

（2）如果你要带孩子们外出旅行，那么请确保在出发前明确表达对他们的期望。这样孩子们就会为旅行做好准备，也会适应你在不同环境中的行为管理策略。

## 思考

你如何确保自己头脑清晰地进入教室？试着想一些能让你平静下来、在早晨清空思绪的事情（如游泳、练瑜伽、看书、喝咖啡、散步，或者与朋友或同事聊天）。

**资源链接**

策略4　你的声音
策略2　个人心态
策略7　幽默

# 策略 2 个人心态

## 说明

每名教师的心态都会影响其对儿童行为的看法。如果让你思考“行为”一词，哪些行为问题会立即浮现在你的脑海中？踢人？说脏话？坐立不安？懒惰？讲闲话？我们期望孩子们表现出哪些行为呢？礼貌？诚实？分享？友好？轮流参与？如果你的心态比较消极，那么你更有可能在教育场所中注意到孩子们的消极行为；如果你的心态更积极，那么你不仅会鼓励孩子们展现积极的行为，还会采用更正向的策略来奖励孩子们的良好行为。

## 实用小贴士

- 保持积极的心态！避免每天带着“孩子们今天一定会表现得很糟糕”的预设开始工作。
- “寻找闪光点”——当孩子们在活动中展现出积极的行为时，要及时向他人（同事／家长）强调并给予孩子们肯定。
- 相信孩子们都能表现得很好，并告诉他们这一点——激励他们努力达到你的期望。
- 在每次活动开始前默念五遍“心态要积极！心态要积极！”，你会惊讶于它对教学和孩子们所产生的效果。

## 使用该策略的优势

- 该策略没有成本！
- 积极的心态能够真正改变你的工作环境。
- 帮助孩子们树立积极的心态可以改善他们的行为和学业表现。

- 积极的心态对你的身心健康有益。
- 孩子们对拥有积极心态的教师反应良好。

### 调整建议

（1）鼓励年龄较大的孩子培养与他们的行为和学业 / 成就相关的积极的个人心态。

（2）向孩子们口头表达你对个人心态的看法，让他们知晓你的想法。

（3）支持并帮助家长在处理孩子的行为问题时树立积极的心态。

### 思考

（1）你有多久没有带着“今天不会遇到任何行为问题”的信念进入教室了？

（2）你认为在你的班级里，哪些孩子的家长需要改变自己的心态，从积极的角度看待孩子的行为？

**资源链接**

策略 3　肢体语言
策略 6　你的面部表情

# 策略 3 肢体语言

## 说明

你拥有一项从父母那里获得的宝贵资源，那就是你的身体。你可以利用它来通过多种方式有效地管理孩子的行为。你的站姿、坐姿、动姿，以及“保持”身体的姿态（懒散、直立、僵硬、放松），都会传递出强烈的信息，表明你是怎样的人，以及你对孩子行为的期望。那些挺胸抬头、使用简单的手势来吸引注意力（打响指、拍手、摆动手指）的人，还有那些以明确的目标和权威性姿态行动的人，都展现出一种自信的教师形象。这种形象在无形中影响着儿童，激励他们展现出良好的行为。

## 实用小贴士

- 用身体的不同部位传递不同的信息，如：扬起的眉毛表示惊讶；温暖的微笑表示赞扬和对积极行为的肯定。
- 避免双臂交叉——虽然这可能让你感到舒适，但它会在你和孩子之间形成一道“屏障”。
- 当你坐在椅子上时，靠近椅子边缘坐，背部远离椅背——这会展现出一种掌控感和准备就绪的状态。
- 靠近正在表现出不恰当行为的孩子通常会带来积极的效果。这意味着你进入孩子的个人空间，因此他会感到不适，停止正在做的事情，并思考你为什么走近他。这将有效地制止孩子的不恰当行为！

## 使用该策略的优势

- 使用肢体语言完全不需要任何成本（除了你必须穿上衣服遮盖身体！）。
- 肢体语言传递了60%~70%的信息。它是一种有力的方式，可以表达对儿童行为的认可或关切。
- 儿童需要学习如何与他人进行非言语和言语交流，使用这一策略将有助于他们发展“解读”不同的沟通形式的能力。

## 调整建议

（1）请思考你的身体姿势、手势、眼神和面部表情——根据不同的孩子调整这些非言语信号，会传递出丰富的信息，供孩子们解读和回应。

（2）结合口头表达，如命令、请求、提问和陈述，将进一步增强肢体语言的效果；当你使用教师的“凝视”时，不妨考虑加入这些语言元素！

## 思考

（1）你如何用肢体语言表达“我认为你真的很努力”，或者“我希望你能把那个玩具从地上捡起来”？

（2）你如何在不使用言语的情况下表达“那是一件非常好的事情”？

资源链接

策略6 你的面部表情

策略1 你的行为

# 策略 4 你的声音

## 说明

你的声音对孩子们的影响是无法估量的。通过将声音作为一种管理工具，你可以影响教育场所的氛围。为了达到最佳效果，教师应尝试运用并调整以下六个声音元素——音调、音高、节奏、音色、响度和语调。如果教师不调节自己的声音，那么孩子们会感到无聊，其学习效果也会变差。

重要的是，你需要调整自己的声音以有效地指导和支持孩子。但是，不要认为声音只可用于管理行为，它也可以用于鼓励孩子。如果教师的声音充满活力和感染力，孩子们就会有参与和学习的动力；而轻柔、平静的声音可以用来安抚情绪紧张的孩子。通过改变你在教育场所中的语调，你可以轻松地影响孩子们的态度和情绪。声音是你工作中不可或缺的“工具”。

## 实用小贴士

- 教师应避免通过提高嗓门来管理行为。这可能会让孩子们感到不安，从长远看效果也不佳。
- 孩子不良的行为可能源于教师的声音使用不当。请务必关注你对孩子们说话时的语调。
- 你的声音也可以作为一种宝贵的奖励策略。通过改变语调，你可以积极地强化良好的行为。

- 将你的声音用来为孩子们提供选择，而不是展示权威。
- 控制音量——记住，如果你的声音很大，孩子们也会模仿。

### 使用该策略的优势

- 这是一种可以随时随地使用的策略，无论你和孩子们去哪里。
- 如果你的声音积极、平和且坚定，不仅你自己可以保持冷静，孩子们也会做出积极的回应。
- 你可以通过声音以多种方式（如指导、解释、表扬、批评、建议、支持、保持兴趣和激励）管理教育场所中孩子的行为。

### 调整建议

（1）对于年龄较大的孩子，你可以通过以下方式来调整你的声音，使其更加有效：将声音与书面提示、倒计时和对良好行为的肯定（如预先录制音视频，通过在互动白板上展示音视频来表扬儿童的积极行为）相结合。

（2）在特殊教育环境中，如果孩子们听不到或很难辨别语气的变化，你可以结合视觉提示来使用这一策略，以便孩子们了解你是如何运用声音传达信息的。

### 思考

（1）你如何支持孩子用自己的声音来处理与同伴之间的矛盾？

（2）请考虑这种情况：一个孩子从另一个孩子的包里拿东西时被发现了。请练习你在这种情况下会使用的语调以及你会对孩子说的话。

**资源链接**

策略 6 你的面部表情

策略 1 你的行为

# 策略 5 积极的表扬

海伦·威尔逊（Helen Wilson）

## 说明

这是促进儿童积极行为的最经济且最有效的策略。一方面，大多数孩子对表扬和鼓励反应良好，如果你运用得当，这种策略对促进儿童的积极行为非常有效。如果你能有效、恰当地使用表扬的策略，孩子们就更有可能表现出积极的行为。另一方面，如果一个孩子表现出消极行为，而你忽视这种行为，转而关注他的积极行为，那么他更有可能重复积极的行为，而不是不当的行为。通过使用清晰、简洁和具体的语言明确地表达你的认可，孩子更有可能模仿你所期望的行为。

## 实用小贴士

- 确保表扬是“真诚的”。
- 记住要表扬孩子的行为而不是孩子！例如，说“你帮萨姆捡起外套，这真是一种非常友善的行为”，而不是“哦，你真是个好孩子！”。
- 使用“你”的信息而不是“我”的信息；在表扬孩子时，说“你独立完成了这件事”，而不是说“我喜欢你这样做”。使用“你”的信息会使孩子为自己感到骄傲，并对自己的行为负责，确保他们专注于自己能做的事情。
- 重要的是不要把表扬的重心放在最终结果上，要关注孩子在整个过程中所付出的努力。

## 使用该策略的优势

- 表扬孩子在完成任务时态度认真，会激励他们继续努力做到更好。这也能让孩子们学会为自己感到自豪。
- 这是一种完全免费的资源，所有人都可以在自己的教育场所中使用。
- 它可以让教师和孩子都感到愉快。

## 调整建议

（1）如果某个孩子表现出不当的行为，你可以表扬其周围表现出积极行为的孩子。这种注意力的转移往往能有效地促使行为不当的孩子发生积极的变化。

（2）将焦点从负面行为转移到通过积极表扬来肯定孩子们的正面行为——你将会看到显著的变化！

## 思考

（1）与指出负面行为的频率相比，你表扬孩子的频率如何？

（2）你是否清楚所有有效的表扬方式？

**资源链接**

策略 1　你的行为
策略 31　助教
策略 33　午间督导员

# 策略 6 你的面部表情

## 说明

你无须开口就能传达千言万语。非言语交流往往比言语更有效，尤其是面对年龄较小的孩子时。在你的班级里，运用面部表情来鼓励、警示、支持和吸引孩子们非常重要。同时，一定要控制好自己的表情，并觉察你向孩子们传递的情绪。

通过使用表情，你可以发出信号，帮助孩子们强化积极的行为。这不仅是一种有效的行为管理策略，也是一种增进师生关系的沟通方式，因为它允许非言语的理解。

眼神交流是一种至关重要的沟通方式——教师通过眼神交流与孩子们搭建起沟通的桥梁，向他们传达兴趣、关心、温暖和信任感。

## 实用小贴士

- 那些以英语为第二语言的孩子在“解读”情境时，非常依赖你的面部表情。对于这些孩子，你可能需要强调并简化指令，以支持他们的理解。
- 使用一定量的面霜！作为一名教师，与从事其他职业的人（演员除外）相比，你会更多地使用面部表情，因此要尽量防止鱼尾纹过早出现。
- 站在镜子前，练习你在课堂上用来警告、管教和表扬孩子的面部表情。你认为自己清楚地传达了想要表达的情感吗？
- 请记住，面部表情与情绪有关，因此很多时候它们是无意识的——尽量记住这一点，随时觉察并控制你的表情。

## 使用该策略的优势

- 通过使用面部表情，你可以保护自己的嗓子。因为在日常教学中，教师的嗓子很容易发紧或使用过度。
- 用面部表情代替声音，你可以营造一个更安静、更平和的环境。
- 该方法不需要任何额外的资源且非常有效。
- 孩子们将学习读懂你的面部表情，你使用这个方法的次数越多，他们对表情的反应就越快。
- 微笑是一种重要的交流形式，可以传递快乐、赞许、温暖、友好和归属感。

## 可通过面部表情传递的情绪示例

- 愤怒
- 困惑
- 兴奋
- 快乐
- 沮丧
- 惊喜
- 担忧
- 失望
- 悲伤
- 自豪
- 蔑视

## 思考

（1）下次，如果某个孩子的低级别干扰行为扰乱了教学，你会如何在不用或少用声音的情况下应对？

（2）当你试图警告或表扬某个孩子时，你的面部表情是怎样的？

**资源链接**

策略 4 你的声音
策略 1 你的行为
策略 3 肢体语言

# 策略7 幽默

## 案例

麦克法兰老师班里的孩子们觉得语音课很枯燥。他们厌倦了学习相同的旧音素，无论她如何尝试“包装”教学内容，孩子们都知道他们在重复之前学过的内容。

麦克法兰老师想到了一个办法——她像往常一样安排了语音学习活动，但是告诉孩子们，根据得分情况，他们将玩一个惩罚游戏。如果孩子们能正确识别所有发音并拼写出她喊出的单词，那么她将接受惩罚；如果没有，那么全班将一起接受惩罚。孩子们赢了（当然！），所以麦克法兰老师信守诺言，跳起了舞，这让孩子们非常高兴。在那些可能让孩子们觉得具有挑战性或枯燥的活动中，幽默可以用来增强他们的体验。如果孩子们喜欢某项活动，他们下次就更有可能以更积极的态度对待同一个科目。当孩子们享受学习时，他们会表现出更好的行为，也更有可能记住学到的东西，并在后续的活动中加以应用。

### 实用小贴士

- 通过自嘲并鼓励孩子们也这样做，你可以创造一个友好的学习环境。

- 通过提供选择，让孩子们拥有决定惩罚方式的自主权。
- 切记，除非孩子们乐于接受或主动表现，否则不要把他们作为幽默的对象，因为这可能会对他们造成伤害。
- 只在适当的时机使用幽默。
- 确保你能“把孩子们拉回来”——避免课堂失控而无法开展活动。
- 确保幽默对孩子们来说不会难以理解——讽刺或挖苦年龄较小的孩子或有特殊教育需求的孩子是不合适的。

### 使用该策略的优势

- 孩子们的学习动力会得到增强。
- 他们将更加享受活动和课程。
- 对你而言，教学会变得有趣。看到孩子们乐在其中，你也会很有成就感。
- 微笑比皱眉使用的脸部肌肉少。如果你总是皱眉，就会更容易长出皱纹！
- 如果孩子们感到快乐并专注于学习，他们就不太可能有不当的行为。

### 调整建议

（1）在幼儿园中，你可以用玩偶来表扬那些做出正确选择和表现出积极行为的孩子。你还可以请一名同事穿上戏服，表扬表现出色的孩子。

（2）对于年龄较大的孩子，你可以使用更复杂的幽默形式，如反讽。不过，重要的是，不要嘲笑孩子们。

## 思考

（1）你认为幽默是一种预防性的行为管理方式吗？它可以用来处理突发事件吗？

（2）你如何在不嘲笑孩子们的前提下，利用幽默来示范良好的行为？

**资源链接**

策略 4　你的声音

策略 6　你的面部表情

# 策略8 服装

## 说明

你在工作环境中的穿着在很大程度上展现了你的个性特征与专业形象——那些选择西装等“正式着装”的人，看起来更有组织能力、权威感和掌控能力；而偏好“休闲着装”的人，则传达出更轻松、随和的性格特质。你每日所选择的工装会隐晦或明确地传达出你的情感态度、教学风格以及对孩子们的行为表现的期待。你服装的颜色、风格和款式，都在不知不觉中对孩子们的行为产生实质性的影响。

## 实用小贴士

- 避免穿着带有贬义元素或古怪标语的服装，孩子们可能会读到并产生误解。
- 确保你穿的衣服干净整洁——当你的衣服脏了或有“异味”时，年龄较小的孩子会直接告诉你！
- 穿着让你能够自由活动，并能代表个性的衣服；明亮多彩的衣服会向孩子们传递出你是一个快乐、自信且富有爱心的人；而深色、暗沉的颜色可能让人觉得你是一个严格、难以接近且缺乏同情心的人。
- 确保你了解工作单位中明确的或“隐性”的着装规定。当家长或实习生来为你和孩子提供协助时，也请他们提前知悉。

## 使用该策略的优势

- 穿着对行为有即时的影响。从看到你的着装的那刻起，孩子们就能迅速判断出你是不是“认真对待工作的人”。

- 你的着装方式会影响你在教育环境中遇到的行为类型。
- 如果你想在短时间内改变孩子们的行为，那么你可以考虑改变自己的着装——这真的很有效！

## 调整建议

（1）鉴于早期教育环境的独特性，教师宽松自在的着装风格对于营造一个轻松且“自由流动”的学习与教学氛围大有裨益。

（2）对于常与年龄较大的儿童互动的教师来说，选择衬衫、有领子的短袖、套头衫等时尚服装，能够彰显自己对教学、幼儿的学习和行为的积极而坚定的态度。

## 思考

（1）你认为你的服装向孩子们传递了关于你个人和职业形象的哪些信息？

（2）为凸显你对积极行为的重视和坚定立场，你会怎样调整你的穿衣风格？

**资源链接**

策略 6　你的面部表情
策略 2　个人心态

# 策略 9 展板

## 说明

你精心布置的展板可以成为管理儿童行为的有效资源。展板的主题、使用的颜色以及具体内容，均会对儿童的行为举止产生影响。我们观察到，当儿童在展板的主题选择、背景色调、作品呈现方式，以及决定展示何人的作品等方面拥有话语权时，他们会更可能表现出积极的行为，比如对班级产生自豪感，以及有更多的合作行为。赋予儿童参与决定展示内容的权利，你会惊讶于他们对展板的关心程度，以及这一过程所激发的正面行为。

## 实用小贴士

- 展板可以围绕某个学习领域（早期教育）或学科主题（小学）设计，也可以是为促进积极行为而设计的，例如使用奖励图表、将孩子的名字贴在“太阳”或“云朵”上，或者设计“友善树”。
- 思考更换展板内容的适当时机，以确保它们持续对孩子产生积极的影响。
- 支持孩子们将自己的作品装裱起来并贴上标签；让他们决定作品在展板上的排列方式（毕竟，这是他们的作品！）。
- 努力确保每个孩子都能为展板做些贡献，让他们感到被重视。

## 使用该策略的优势

- 展板是一种非常直观的方式，可以呈现孩子们在行为和学习方面的成就。
- 如果孩子们有机会参与展板的布置，那么他们会对环境产生浓厚的兴趣。
- 利用展板来追踪孩子们的积极行为，可以形成良性循环，并激发孩子们对表现出良好行为的渴望。

## 调整建议

（1）根据孩子们的需求和兴趣来设计展板内容。例如：为男孩设计一个太空主题（每当他们表现良好时，“宇宙飞船”就会离月球更近一步），或者为女孩设计一个公主主题（每当她们表现良好时，公主的皇冠上就会多一颗宝石）。

（2）对于年龄较大的孩子，鼓励他们撰写并展示与作品相关的标签，以便其他人了解作品背后的学习内容。

## 思考

（1）在你的班级里，目前哪块展板上的内容需要更换？它可以被更换成什么内容，以更有效地展示并促进孩子们的积极行为？

（2）你可以提供哪些机会，以支持你班级里的孩子合作完成一块展板的布置？

**资源链接**

策略 42　SMARTC 目标板
策略 44　行为目标

# 策略 10　特别小助手

## 说明

儿童天生喜欢承担责任，这能让他们感到自己被重视以及有价值。在日常教学中，是否经常有孩子主动询问他们能否帮你做一些事情？他们渴望取悦你，帮助你，并得到认可。

你可以每天挑选一两名孩子，表彰他们前一天在学习或行为上的出色表现，并授予他们“特别小助手”的称号。这些孩子可以负责点名、削铅笔、分发书籍等——你可以根据实际需求灵活安排适合他们的工作。在这一整天里，他们需要专注于你分配的任务，并确保完成这些任务。

## 实用小贴士

- 给“特别小助手”提供椅子坐——这会让他们感到自己更加受重视，并凸显他们所承担职责的重要性。
- 为“特别小助手”制作可以佩戴的徽章，这样所有人都能一眼认出他们当天的特殊身份。
- 张贴一份责任清单——如果孩子们识字能力有限，那么可以用照片或图片代替文字，帮助他们直观地了解当天需要完成的任务。
- 制作证书或个性化贴纸，让孩子们佩戴或带回家，以便他们向家长分享成为“特别小助手”的喜悦与荣誉。

## 使用该策略的优势

- 孩子们不会频繁地要求帮助你，因为他们知道只有“特别小助手”才有资格完成这些任务。
- 让孩子们承担一些小任务，可以为你和教辅人员节省时间。
- 孩子们可以通过这些任务获得归属感，他们会变得有责任感，并逐渐发展出一定的独立性。
- 这些角色有助于常规的建立，帮助孩子们明确每天的职责和任务。

## 调整建议

（1）对于年龄较大的孩子，可以对此策略进行调整，鼓励他们自主制定并执行一套“承诺”。这些承诺应包含清晰的奖励与惩罚机制，并由孩子们自行监督和落实。

（2）对于年龄较小的孩子，可以赋予他们“教师小助手”的角色。他们可能会被邀请协助教师完成一些简单的任务，而不是严格按照清单执行。

## 思考

（1）你会给孩子们分配什么角色？

（2）你如何确保孩子们完成了任务？

**资源链接**

策略 34　同伴调解员

策略 51　常规

第二章

# 教师和儿童可用的管理策略

# 策略 11 面具

## 说明

面具是一种非常有趣的材料，可以支持儿童管理自己的行为。你可以通过多种方式来减少你班级中的行为问题。

（1）在需要给予儿童口头提醒或指导的情况下，你可以选择运用各式的面具来提示他们。例如：某副特定的面具代表着噪声太大；戴上这副面具，就能无声地提醒儿童使用室内应有的音量。

（2）儿童可以通过戴上面具进行戏剧表演，来解决行为问题。

（3）儿童可以通过面具分享他们的感受和情绪。遮住脸部后，他们可能会更愿意开口表达。

## 实用小贴士

- 如果你有一系列的面具，那么可以让儿童决定每副面具的用途。
- 把面具放在儿童能拿到的地方，并附上图片或文字说明，提醒他们该面具的用途，以便儿童有视觉上的支持。
- 如果你使用面具是为了让儿童能够更自在地分享感受，请不要强迫他们分享，否则他们可能会感到不舒服，从而不愿意开口。
- 不要在一个时间段混合实践多种想法（提示工具、戏剧表演、情感表达），这可能会让儿童感到困惑。
- 保持孩子们对面具的新鲜感，可以考虑每半学期更换一次面具。

## 使用该策略的优势

- 面具是一种有趣且直观的提示工具，可以帮助儿童了解他们需要做的事情。
- 儿童需要善于观察，留意你何时戴上面具。
- 儿童能够通过与同伴互动，加深对自己行为的认识。
- 可以提升儿童的倾听和表达能力。
- 儿童掌握了一种自在地表达自己情感的方式。
- 即使儿童不想说话，在安静的地方戴上面具也可能会对他们产生积极的影响。

## 调整建议

（1）与其购买昂贵的面具，不如举办一次班级竞赛，让儿童自己设计面具！

（2）允许儿童与面具互动，他们可以扮演教师的角色，这将强化面具的意义。

（3）设置一个放置面具的安静区域，并允许儿童自由进入。在这个空间里，儿童可以和朋友一起玩耍，也可以独自反思。

## 思考

（1）你会为使用面具进行戏剧表演的儿童准备提示卡片吗？卡片上会写些什么内容呢？

（2）你如何确保儿童在需要时能够随时拿到面具？

**资源链接**

策略 13　帽子
策略 8　服装
策略 53　角色扮演

# 策略 12 玩偶

海伦 · 威尔逊

## 说明

从壮硕的大猩猩到慈祥的爷爷形象，玩偶的样式和尺寸丰富多样，不一而足。作为一种多功能的工具，玩偶提供了一种出色的方法，让孩子们能够辨识积极与消极的行为，以及这些行为对他人产生的影响，这特别适用于儿童。玩偶能有效用于对特定行为的干预，甚至可以通过模仿复现那些你希望推广的积极行为。它们还可以用于处理一些潜在的棘手情况，比如适应新班级、引入新的讨论主题或焦点。如果使用得当，那么玩偶会是积极行为的“最佳代言人”。

## 实用小贴士

- 选择玩偶时要小心——有些孩子容易受到惊吓！慢慢地向孩子们介绍玩偶，并让他们与玩偶建立联系。
- 把玩偶想象成一个人。当你和玩偶说话时，请看着它；当孩子们说话时，确保玩偶也看着他们——当玩偶不在你手上时，千万不要和它说话。
- 虽然玩偶不必时刻活动，但是要尽量确保玩偶的动作自然流畅、柔和而不僵硬。
- 提前进行练习，确保你能够熟练地操纵玩偶，并在说话时保持角色状态；每说一个词语时，都要同步张开玩偶的嘴巴。

## 使用该策略的优势

- 当玩偶在场时，孩子们通常会变得更加健谈和活泼，甚至能鼓励最害羞的孩子开口说话。

- 玩偶有助于全班孩子参与针对需要解决的问题的讨论。
- 孩子们可以把玩偶当作知己，向玩偶倾诉他们关心的问题。
- 玩偶可以更安全地帮助孩子们探索问题。

## 调整建议

（1）考虑使用“主题”玩偶来引入特定的话题，例如，在讨论如何适应新班级时使用一个“友好面孔”的玩偶。

（2）并非所有玩偶都需要说话！如果你不太自信（难以在说话的时候同步操纵玩偶），那么你可以把玩偶放在自己的耳边，让玩偶“悄悄告诉”你它要说的话，然后以玩偶的身份与孩子们对话。

（3）玩偶是讲故事的绝佳道具，可以让故事更加生动。

## 思考

（1）你认为所有的孩子都能很好地与玩偶互动吗？

（2）你是否觉得自己使用玩偶的自信程度可能会影响玩偶带来的效果？

（3）你需要考虑针对不同年龄段的孩子和特定的主题使用玩偶的时间长度。

资源链接

策略 11　面具

策略 13　帽子

# 策略 13　帽子

## 说明

用帽子来管理行为是一种非常简单而有趣的策略。场合不同，帽子的用途也多种多样。在小学教室里，教师可以戴一顶特殊的帽子，孩子们知道这意味着他们需要停止活动和说话。在幼儿园，教师可以戴上一顶帽子，孩子们会将其与整理活动及集体活动联系起来。不同的帽子可以用来让孩子们知道你作为教师对环境中发生的事情的感受。帽子还可以用来发出指示和给予表扬，你甚至可以用帽子来启动课堂上的例行流程。当孩子们熟悉了这些帽子后，他们就会认识到不同的帽子代表不同的指示，例如洗手准备吃午餐或进行任何其他的日常活动。

## 实用小贴士

- 你可以让孩子们选择帽子所代表的指示，这将使他们对这一策略有一定的自主权。
- 你可以鼓励其他同事与你使用不同的帽子，以保持孩子们的新鲜感。
- 如果孩子们有机会与帽子互动或用帽子进行角色扮演，那么效果会更好。
- 你是否可以考虑每天指定一名“帽子挑选官”，由他们负责根据当日的具体情况，挑选出他们认为你应当佩戴的帽子？
- 你应该能够从折扣商店买到一些非常便宜的帽子，这样就可以在不花费太多钱的情况下收集到更多的帽子。

## 使用该策略的优势

- 孩子们能够迅速辨认每一顶帽子及其含义。
- 帽子可以带来幽默感。
- 这是一种不分性别的课堂管理形式，所有孩子都能从中受益。
- 孩子们可以在角色扮演中使用这些帽子，并加深对每顶帽子的意义的理解。
- 你可以让孩子们参与选择帽子，从而更好地实施这一策略。
- 无须使用声音——你可以通过这一策略让自己的嗓子得到休息。

## 调整建议

（1）你可以使用面具来代替帽子进行行为管理。

（2）选择孩子们可能熟悉的形象，如消防员萨姆、邮递员帕特、建筑工鲍勃，并将代表这些形象的帽子融入策略中。

（3）如果孩子们愿意，那么你可以鼓励他们从家里带来帽子并将其作为“嘉宾”行为管理帽。这些帽子可用于管理季节性的行为问题。

## 思考

（1）如果你要组织一次外出旅行，但你只能戴一顶帽子，你会选择哪顶帽子？

（2）你会如何鼓励家长在家里对孩子使用类似的方法？

**资源链接**

策略 7 幽默
策略 86 交通灯
策略 51 常规

# 策略 14 魔毯

## 说明

魔毯是我们在课堂上使用过的有效方法，尤其是在行为管理方面。魔毯是一个多功能的工具，有多种使用方式，既可以用来奖励行为良好的孩子，也可以用来管理行为不当的孩子。对于在课堂上表现出色的孩子，教师可以铺开魔毯，带孩子们进行一次想象中的旅行，以感谢他们的出色表现。对于那些需要改正不良行为的孩子，魔毯可以作为一个特定的空间，让他们能够坐下来，与教师一起反思自己的行为。

## 实用小贴士

- 明晰魔毯的用途——是作为对孩子的奖励，还是用于管理行为不当的孩子。一旦确定，就要始终如一地执行，否则孩子们会对魔毯的用途感到困惑。
- 确保你已经准备了一些可供孩子们选择的有趣的地点，如太空、南极、大象埃尔默所在的森林、下水道、影碟机内部、洗衣机内部、撒哈拉沙漠上空，以免他们一时想不出自己希望前往的旅行目的地。
- 只有在必要时才把魔毯拿出来，以保持魔毯的特殊性。

## 使用该策略的优势

- 孩子们对魔毯的反应非常好，尤其是当教师向孩子们“推销”魔毯的功能时——我们了解到，当孩子们得知将要开始一次想象中的旅行时，他们会兴奋得尖叫！

- 如果偶尔使用魔毯，其可以成为对出色行为的特殊奖励。
- 针对那些行为不当、需要引导的孩子，教师可以借助魔毯的“神奇魔力”，帮助孩子树立信念，让他们相信自己的行为能够因此得到改善。

## 调整建议

（1）魔毯可以替换为魔法窗帘、魔法地毯、魔法毛毯、魔法长凳、魔法盖毯、魔法垫子或魔法羽绒被套。

（2）根据孩子们的需求，魔毯可用于奖励良好的行为或管理不当的行为。

（3）魔毯可以作为短期策略使用几周，也可以作为长期策略。

## 思考

（1）你会用魔毯来奖励孩子们在教育场所中的良好行为，还是管理他们的不良行为？

（2）考虑一下教育场所的空间大小——你会在室内还是室外使用魔毯？

**资源链接**

策略 62 圆圈活动
策略 83 休息垫

# 策略 15 图片和海报

海伦·威尔逊

## 说明

儿童可以通过多种不同的媒介进行学习，图片和海报就是其中的一种媒介。儿童在看到一张图片或海报时，通常能立即理解其含义——它可以提供有效的视觉信息。通过图像进行教学比纯口头讲述要有效得多。图片或海报有鲜艳夺目的色彩，能够生动地描绘出成人对儿童行为的期待，例如：什么是良好的礼仪，或者洗手时应遵循哪些步骤。无论需要传达何种信息，教育海报都能以充满趣味和生动具象的方式，高效地将其传达给儿童。

## 实用小贴士

- 颜色可以用来提醒人们注意高温（低温）或停止（前进）。我们同样可以将这些颜色所表示的意义用于教育海报中，以达到类似的目的。用于警告危险的海报通常是红色或黑色的，黄色通常用于表示有趣和令人快乐的事物。教师选择颜色时要谨慎，以确保有效地传达信息。
- 可将海报或图片的尺寸缩小为 A4 纸[①] 大小，方便在圆圈活动、游戏区（沙盘 / 水盘）或小组活动中使用，以提醒孩子们关注行为标准。
- 你还可以将海报或图片的尺寸缩小到 A5 纸[②] 大小，将其作为

① 国际通用标准 A 系列纸之一，其尺寸为 21 厘米 ×29.7 厘米。——译者注
② 国际通用标准 A 系列纸之一，其尺寸为 14.8 厘米 ×21 厘米。——译者注

针对个别孩子的个性化行为的提醒工具。

- 你也可以将卡片或小尺寸的海报作为奖励。当观察到孩子表现出积极行为时，可以给予其一张小尺寸的图片作为奖励。图片下方还可附上表格，用于记录积极行为发生的次数。

### 使用该策略的优势

- 虽然可以使用文字，但并非必须将其包含在内。
- 图片和海报是一种有趣而有吸引力的方式，可以向所有孩子传达有关行为的关键信息，没有阅读能力方面的限制。
- 图片和海报能够辅助教师，减少他们重复传达信息的负担。

### 调整建议

（1）色彩丰富是教育海报的一个重要特征。多样的颜色可以使海报既吸引眼球又富含信息，有助于孩子们理解图中的行为是不是教师所期望的。

（2）孩子们可以自己制作图画或海报，以提醒他们一些常规，例如如厕后的卫生习惯。

（3）制作一张海报，展示一系列教师期望的行为，并用箭头或望远镜标示出当天（本周）的重点关注行为。

### 思考

（1）你如何使用海报来传达关键信息？

（2）在黄金时间或游戏时间的哪些环节，你会让孩子们参与设计、创作他们专属的图片或海报？

（3）你多久更换一次教育场所中的海报？

**资源链接**

策略 9　展板

策略 42　SMARTC 目标板

策略 46　学习目标

# 策略 16 故事

海伦·威尔逊

## 说明

故事是一种管理儿童行为的很棒的资源，可以帮助孩子们理解自己以及他们所处的世界。故事是一种媒介，通过它，孩子们得以接触新词汇、新地点、新体验、新行为和新概念，这些可能是他们在日常生活中鲜有机会遇到的。故事不仅可以通过书籍的形式（涉及童话、神话、传说和寓言）呈现，还可以通过口头讲述有效地传递。故事为孩子们提供了丰富的语言学习机会，同时也是他们塑造自我认同感的基石。故事使孩子们能够在安全的情况下体验和探索各种情感、行为和经历。故事的魅力在于允许我们随时暂停或结束阅读，在任何适当的时机合上书页或重新翻开。

## 实用小贴士

- 固定讲故事的时间，将其打造成一项神奇的活动。
- 使用各种故事和丰富的讲述技巧，让内容生动起来。
- 在讲故事时不要过度提问和停顿，以免导致整体信息“丢失”。
- 在讲故事时使用道具、玩偶和动作。
- 你的声音是讲故事的最佳资源——运用语调、音高、节奏和音量来增强故事的感染力。
- 引入大家口口相传的故事或反映多元文化的故事，以此作为探讨行为和期望的切入点！

### 使用该策略的优势

- 故事是一种免费的资源——可以利用图书馆来扩充资源库。
- 讲故事不需要任何特殊的空间或设备——你可以随时随地讲述。
- 故事具有巨大的影响力，因为孩子们所了解到的行为和经历只涉及书中的角色，而不是针对某个表现出负面行为的特定个体（这样既保护了儿童的自尊心，又促进了儿童对行为的理解）。

### 调整建议

（1）打造一把神奇的“故事椅”或穿上神奇的“故事斗篷”，让故事讲述更具吸引力。

（2）邀请其他成人讲述故事，让孩子们听到多样化的声音，接触不同的讲述风格。

（3）邀请来自不同文化背景的成人分享他们的故事。

（4）在讲到故事的关键情节时停下来，让孩子们猜测接下来会发生什么。

### 思考

（1）你为什么使用讲故事这条策略？你是如何使用的？

（2）你是否审视过自己留存的书籍，以确保其中包含了探讨行为问题的故事？

（3）你邀请过多少名不同的故事讲述者？

**资源链接**

策略 12　玩偶
策略 14　魔毯

# 策略 17 音乐

## 说明

音乐非常神奇，它能调节情绪、营造氛围并具有激励的作用。关于在教育环境中应使用哪种类型的音乐，已有许多讨论。人们通常认为古典音乐对于营造平静的氛围最有效。这并不完全正确，因为儿童对不同音乐的反应各不相同，但如果儿童能识别一段音乐，他们会将音乐作为一种奖励，调整自身行为，以继续获得这种奖励。音乐的应用不应仅限于儿童学习之时，它可以在学校日常活动的多个时刻发挥作用。

## 实用小贴士

- 给孩子们选择音乐的机会，将其作为对良好行为的奖励。这将增强孩子们对奖励的认同感，并激励他们表现出理智的行为。
- 特定的音乐可用来帮助孩子们建立常规，例如，用音乐提示孩子们排队或整理玩具。
- 设立一个专门的区域，让孩子们戴上耳机，在安静的环境中专注地学习。这样的安排可以作为对孩子们良好表现的奖励，或者用来帮助那些需要额外时间来跟上活动节奏的孩子。
- 不要将音乐播放得太大声，否则孩子们可能试图用自己的声音盖过音乐声——保持音量适中并提醒孩子们，如果他们听不到音乐，那么他们就需要压低说话的声音。

### 使用该策略的优势

- 孩子们喜欢听音乐。
- 你可以让孩子们接触不同类型的音乐。
- 听音乐会使孩子们的音乐鉴赏能力得到提高，而且他们对节奏和时间的敏感度也将增强。
- 在学习时听音乐是一种享受。
- 当音乐响起时，孩子们会安静地学习，以便享受音乐，这可以使班级更加有序。

### 调整建议

（1）年龄较大的孩子在独立学习时，可以使用音乐播放器播放自己喜欢的音乐。这既可以培养孩子们的责任感，又能最大限度地减少干扰性聊天。确保音乐播放器的音量适当，过大的音量会损害儿童的听力。

（2）在个别化学习环境中，孩子们可以使用音乐播放器，以便选择作为奖励的音乐。

### 思考

（1）你会对一个沮丧或生气的孩子使用音乐策略吗？你会使用哪种类型的音乐？

（2）你将通过何种方式了解儿童的音乐偏好？

**资源链接**

策略 54 音乐活动
策略 51 常规

# 策略 18 分心工具

## 说明

出于各种原因，许多孩子在集体学习活动中难以静坐和集中注意力。有些孩子可能把英语作为第二语言，或者患有注意力缺陷障碍。在全班教学过程中可能出现的问题包括：坐立不安、戳或触摸其他孩子、拉扯衣物以及发出噪声。这些孩子之所以表现出这些行为，通常是因为他们无法安静地坐着听讲，但这并不意味着他们“淘气”。长时间听课对于许多成人（包括我自己）来说都是一项挑战，对于年龄较小的孩子来说，就更困难了。这些孩子仅需要一种让自己保持忙碌的方法，这样他们就能专注于授课教师或活动主持人所讲述的内容了。

儿童的学习风格具有差异性，一些儿童会觉得长时间安静地坐着听讲是一项艰巨的任务。对于那些动觉学习者来说，参加坐在地毯上的活动显得尤为艰难。通过使用分心工具，动觉学习者将更有可能投入学习活动中，并保持对知识的理解和记忆。

## 实用小贴士

分心工具可以是任何你认为孩子会感兴趣的东西。如果你缺乏灵感，这里列出了一些材料以供参考：

- 蓝丁胶
- 减压玩具
- 毛绒球（不带铃铛！）
- 超轻黏土
- 软陶泥

• 小软球

另一个减少对分心工具的需求的实用建议是，尽可能采用 VAK［V 指“vision”（视觉）、A 指“auditory sense”（听觉）和 K 指“kinesthesis”（动觉）］教学法，以吸引和激励所有学习者。

## 使用该策略的优势

• 小组工作可以更加流畅，减少干扰。
• 使用分心工具的孩子能够增强专注力。
• 孩子们感到被支持，能够集中注意力，从而获得更多的成就感，缓解压力和紧张情绪。
• 班上的其他孩子不会因为潜在的干扰行为而分心。

## 调整建议

（1）年龄较小的孩子可能会从使用分心工具中受益——孩子越小，注意力持续时间越短。如果你有一些可用的小物件，可以请教辅人员根据需要进行分发。

（2）有精细动作技能问题的孩子也可以从使用分心工具中受益，使用这些工具将有助于他们取得进步。

## 思考

（1）在你的班级里，谁会从使用分心工具中受益？

（2）在你的班级里，哪些物件适合用作分心工具？

**资源链接**

策略 51 常规
策略 72 学习风格

# 策略 19 专用地毯空间

## 说明

几乎所有班级里都有一块供孩子们坐的地毯——通常用于把所有孩子集中在一起，进行全班教学、圆圈活动或故事分享。然而，总有一些孩子无法“老老实实”地待在地毯上，我相信你一定见过孩子在地毯上“扭来扭去”，或者要求坐在朋友旁边。设置专用地毯空间是一种有效的策略，通过为孩子们分配专属的地毯块、在地毯上设置特定的标记，或者提供靠近教师的“额外”位置，从而确保孩子们“待在自己的空间里”。这个策略可以在学期初、每周初或每节课开始时使用——选择权在你！

## 实用小贴士

- 确保每个孩子都有一个特定的地毯空间，向每个孩子说清楚他们的位置，以避免他们不确定自己应该坐在哪里。
- 尽量使用不同的颜色、形状或标记来划分地毯空间，使每个空间都与其他空间不同（在适当的情况下）。
- 和孩子们一起决定谁坐在哪里——他们能解释为什么自己应该坐在朋友旁边吗？明确如果他们滥用这一特权会发生什么。

## 使用该策略的优势

- 对于那些难以在地毯上保持不动的孩子来说，他们有了一个明确的座位区域—— 一旦他们离开了自己的位置，其他人立刻就能察觉到，因为他们的垫子会空出来！

- 这是一条易于实施且所需成本较低的策略——现在许多班级都有“地垫管理员”。他们负责每天早上在地毯区摆放垫子，并在一天结束前将垫子收起来，从而激励班级其他孩子产生积极和负责任的行为。
- 孩子们需要知道他们应该坐在哪里！

## 调整建议

（1）利用地毯余料——询问孩子的家长家里是否最近铺设了新地毯，有没有剩余的材料。我们了解到，有一个教育机构使用手帕作为孩子们的标记，并且孩子们可以自由地装饰这些手帕。

（2）对于年龄较小的孩子，你可以放置小塑料圈，让他们坐在里面。

（3）对于年龄较大的孩子，你可以在地板上贴标签来界定个人空间，或者鼓励他们携带泰迪熊等玩具，在离开地毯区时把玩具放在位置上代表他们“占座”。

## 思考

（1）在你的班级里，哪些孩子会从指定的地毯空间中受益？

（2）哪种材料最适合帮助这些孩子在地毯区停止扭动？

**资源链接**

策略 14　魔毯
策略 30　行为魔法粉

# 策略 20 降落伞

海伦·威尔逊

## 说明

降落伞是由尼龙制成的圆形彩色织物，有不同的尺寸，儿童可以握住它的边缘玩团队游戏。游戏的核心在于以多种方式移动降落伞，旨在鼓励合作性、非竞争性的游戏，有助于儿童强化轮流和分享的意识。降落伞游戏不仅有助于锻炼儿童上半身的肌肉群，尤其是肩膀、手臂、手部和躯干的力量，还能够帮助儿童提升大肌肉运动技能。总之，降落伞游戏在促进儿童全面发展方面扮演着重要的角色。

## 实用小贴士

- 降落伞既可在室内（宽敞的空间）使用，也可在室外使用，还可与奖励机制结合起来，例如用于奖励积极的团队行为，或者作为奖励的选项之一。
- 在游戏开始前，务必设定清晰的行为规则和界限，以防儿童因兴奋而失控。
- 如果在室内使用降落伞，请让孩子们在靠近降落伞前脱掉鞋子。
- 鼓励儿童均匀地站在降落伞周围，避免出现大的空隙。如果儿童间有大的空隙，你可以允许特定的儿童邀请其他班级的朋友加入（作为奖励）。
- 让儿童始终用双手紧握降落伞。

## 使用该策略的优势

- 降落伞游戏鼓励班级内所有孩子之间的合作。
- 该游戏没有特别的技能要求，因此处于任何水平的孩子都可以充分地参与其中。
- 语言和数学概念也可以融入大多数降落伞游戏中，这是儿童学习介词和方位词的好方法。

## 调整建议

（1）可以添加其他物品，如沙包和球，以丰富游戏内容。目标是尽量让球在降落伞上保持运动，并且不掉下来。

（2）可以为不同年龄和能力的孩子设计丰富多样的游戏，降落伞很受儿童的欢迎。

（3）可以通过将降落伞举起，使其边缘落于身后，然后坐在下面，来创造一个秘密的隐藏空间，这样就能打造一个绝佳的故事或诗歌讲述空间！

（4）可以在降落伞游戏中融入歌曲、韵律和有趣的动作。

## 思考

（1）你和你的同事是否思考过如何在实际教学实践中平衡非竞争性游戏与竞争性游戏？请思考两者对孩子们的益处。

（2）你倾向于将此类活动作为特别奖励，还是允许儿童选择将它们作为积极行为的奖励？

**资源链接**

策略 52　户外区域

策略 75　体育活动

# 第三章

# “方便的”行为管理策略

# 策略 21 行为观察镜

## 说明

行为观察镜实际上是一副双筒望远镜（可以是真实的望远镜，也可以是玩具望远镜或者用纸筒和绳子自制的简易望远镜），用于“观察”孩子们的良好行为。教师可以将其挂在脖子上，以便随时通过望远镜“发现”那些独自或在集体中表现良好的孩子。这一工具不仅有助于教师有效管理室内外儿童的行为，还可以用来培养儿童的观察能力。教师可以引导孩子们使用行为观察镜寻找鸟类、特定颜色、不同类型的树木或有趣的云彩。

## 实用小贴士

- 将行为观察镜的使用融入孩子们的室内外学习活动中。
- 重点“发现”表现良好的孩子，而不是那些行为不当的孩子。
- 无须口头告知孩子们你正在使用行为观察镜，只需将其举到他们的眼前——一旦你向孩子们解释了行为观察镜的用途，他们很快就会明白你正在寻找良好的行为。
- 通过装饰、涂色或为挂绳添加配饰，让行为观察镜显得与众不同，以便将其与班里的其他望远镜区分开。

## 使用该策略的优势

- 当教师将行为观察镜举到眼前时，孩子们会迅速做出反应——这有助于快速有效地纠正不当的行为。
- 行为观察镜是一种成本低廉、材料易得且制作与使用都很简单的工具。

- 教辅人员和家长也可以在不同的场合中使用行为观察镜。

## 调整建议

（1）对于年龄较大的孩子，教师可以使用单片眼镜或大号放大镜（想象一下福尔摩斯的形象）来增加趣味性。

（2）教师如果想记录自己发现的表现好的孩子，那么可以把他们的名字写在一个大号的覆膜双筒望远镜的镜片上，并将其展示在教室里的公告板上。

## 思考

（1）什么时候向孩子们介绍这一策略比较合适——学期初？一周结束之际？为什么？

（2）是否应该让孩子们参与装饰行为观察镜？如果是，为什么？如果否，为什么？

**资源链接**

策略 85 让我微笑板

策略 25 哇卡

# 策略 22 口哨或铃铛

海伦·威尔逊

## 说明

口哨或铃铛是吸引儿童注意力的有效工具。你可以将口哨或铃铛发出的声音作为快速开始或结束某项活动的信号。短促的哨声或铃声可以轻易穿透嘈杂的环境，成为一种非常有力的活动转换信号，尤其是在户外环境中。

## 实用小贴士

- 确保所有孩子都知道并理解这一信号的意义。
- 不要过度使用口哨或铃铛。短促地吹响口哨后，等待预期的效果，并通过表扬来激励孩子们表现出理想的行为。
- 始终使用相同的信号——例如，一声短哨表示“停止当前活动”，而两声短哨表示“继续活动”。

## 使用该策略的优势

- 铃铛和口哨都是非常简单有效的工具，教师无须提高自己的音量即可吸引儿童的注意力。
- 适用于多种环境，用以提示教师对儿童行为期望的变化。
- 在较为封闭的环境中，教师可以轻柔地使用它们，以引起儿童对积极事物的关注。

## 调整建议

（1）让孩子们设计信号，这样他们会更主动地参与其中并认同这一策略。

（2）作为一种奖励，可以让某个孩子负责发出信号。

（3）可以在活动开始时发出信号，尤其是在“有趣”的活动中。这样信号就不会总是与“结束活动”联系在一起了。

（4）可以轻轻摇铃来提示特定的环节，如故事时间或音乐时间，或者用来提示某个取得了理想结果的事件、行为或活动。

## 思考

（1）是否存在不适合使用尖锐的哨声或铃声的时机和场合？

（2）哨声或铃声是否会打扰到你所在的工作场所的其他人？

**资源链接**

策略 33 午间督导员

策略 52 户外区域

# 策略 23　10 厘米的尺子

## 说明

“10 厘米的尺子”是一个形象的比喻，用来帮助教师管理孩子们在室内场所或者户外游戏区、游乐场的噪声。有些孩子经常大喊大叫或说话声音过高。使用“10 厘米的尺子”这一策略，教师可以以一种温和的方式指导孩子们。例如，要求孩子们发出“10 厘米的声音”，即说话时保持平和。为了帮助孩子们理解，教师可以通过轻声说话或在尺子上指出 10 厘米在哪里来帮助孩子们理解声音的大小。想象一下，如果孩子们被要求发出“30 厘米的声音”，他们会如何改变自己的声音？届时，请捂住耳朵！

## 实用小贴士

- 积极示范“10 厘米的声音”是怎样的，以便孩子们理解你对这一礼貌请求的期望。
- 用颜料、彩纸或箭头在尺子上清晰地标出 10 厘米，这样孩子们就能直观地看到 10 厘米在尺子上的位置。
- 当你要求孩子们发出“10 厘米的声音”时，在尺子上标出他们当前音量所在的位置——通过向下滑动你的手指 / 箭头，向孩子们展示随着他们声音变小，音量所在的位置如何变化。

## 使用该策略的优势

- 这是一种既快捷又简便的策略，能有效地引导孩子们降低说话的音量。
- 对于那些倾向于采用“视觉化”学习方式的孩子来说，使用真实的尺子可以直观地展示他们当前的声音大小，以及当他们降低声音时尺子上刻度的变化。

- 对于许多孩子来说，展示尺子能迅速降低他们的音量，因为他们会意识到自己之前的声音太大了。

## 调整建议

（1）年龄较小的孩子和有特殊教育需求的孩子可能无法理解“厘米”这个概念。教师可以将积木作为视觉辅助工具，鼓励孩子们发出“小塔”般的声音，而不是他们发出的“摩天大楼”般的声音。

（2）对于年龄较大的孩子来说，将大尺子作为视觉辅助工具比小尺子更有用，因为它对孩子们的视觉冲击更强。

## 思考

（1）你认为将10厘米直尺这一视觉辅助工具展示在公告板上更好，还是放在口袋里更好？为什么？

（2）你班里的哪些孩子会积极响应这一策略，从而控制他们的大嗓门？

**资源链接**

策略88 噪声测量仪
策略22 口哨或铃铛

# 策略 24 裁判卡

## 说明

裁判卡是我们在工作中使用过的简单且有效的工具。这些卡片的作用类似于足球比赛中裁判所使用的卡片——教师随身携带两张卡片，一张是绿色的，另一张是红色的。当看到孩子在教室里的表现适当、合理时，教师会向孩子出示绿卡，以表示他们的行为“良好”。收到红卡意味着孩子当前的行为不符合教师的要求，他们应立即停止该行为。一旦孩子们停止了不当的行为，教师就应出示绿卡，以表明他们做出了正确的选择并表现出了适当的行为。

## 实用小贴士

- 一些教师可能觉得用红卡显得过于“严厉”，毕竟在足球场上红牌意味着球员得离场。如果你出示红卡，那么你真的准备让孩子离开教室吗？或许你可以把它换成黄卡。
- 如果要进行全班教学，可以准备一套尺寸更大的裁判卡，以便孩子们都能看到。
- 确保你的同事各有一套裁判卡，这样他们可以在不同的小组活动中使用，以此在你的班级里统一执行这一策略。
- 在展示不同卡片的同时，利用面部表情来强化信息，例如：在出示绿色卡片时面带微笑；当你不得不使用红卡或黄卡时，你可以露出惊讶或皱眉的表情。

## 使用该策略的优势

- 裁判卡可以即时提供视觉反馈，表明孩子的行为是“好”还是“不太好”。

- 卡片相对容易携带，并且可以在任何场合（如室内、室外、大厅、走廊等）使用。
- 由于与足球有关联，男孩们对这种策略的反应通常很积极。
- 这些卡片制作简单，任何教育工作者（如教师、家长助手、助教、实习教师等）都可以使用。

## 调整建议

（1）考虑将红卡的颜色改为黄色，除非你准备好将孩子请出教室。

（2）与年龄较大的孩子讨论他们的哪些行为会导致其获得绿卡或红卡，这对他们很有益。可以考虑设计一个图或表，这样当教师向某个孩子出示卡片时，孩子可以在图或表上记录卡片的颜色——如果某个孩子连续获得五张绿卡会发生什么？

## 思考

（1）你会在什么情况下向班里的孩子出示红卡或绿卡呢？

（2）你每天在班里出示几次红卡？

（3）孩子们如何知道哪些行为会导致你出示绿卡或红卡？

**资源链接**

策略 86　交通灯

策略 28　数字卡

# 策略 25 哇卡

## 说明

这是一种用于管理低级别干扰行为的简单策略，而且不会中断活动。其设计理念是使用一套卡片（一张绿色、一张红色和一张写有“哇”的卡片）作为非言语的视觉支持，鼓励孩子们对自己的行为负责。

教师在教学时间或全班活动中使用这套卡片作为管理工具。如果按预期使用，它们可以让课程顺利进行而不被打断。

如果孩子出现低级别的干扰行为，例如与朋友交谈、打扰其他孩子或大声喊叫，可以依次出示卡片作为警告。绿卡用于让孩子知道自己表现良好，红卡提示孩子其行为正在干扰课程。哇卡是孩子希望被授予的最棒的肯定，它让孩子知道自己表现出了卓越的行为。

## 实用小贴士

- 考虑以不同的方式使用这些卡片，使资源更加灵活。可以将其穿在链子上，挂在你的脖子上；也可以将其作为闪卡使用；或者将其制作成放大版的卡片，并在上面贴孩子们的照片。
- 让一个孩子负责出示哇卡，这样他就会向其他孩子展示他认可的良好行为。
- 制作一些贴纸，上面写上“问我今天为什么得到了哇卡”，这样孩子们可以与父母分享他们的成就。
- 确保你像使用红卡一样频繁地使用绿卡，以强化积极的行为。

### 使用该策略的优势

- 哇卡能够表彰那些始终做出良好行为的孩子。
- 这是一种易于制作的资源，适用于多种场合，并且易于改造。
- 这是一种直接有效的可视化工具，可以在不影响教学的情况下，帮助孩子们管理自己的行为。
- 如果被出示哇卡，孩子会觉得自己很特别。

### 调整建议

（1）对于年龄较小的孩子，你可以将哇卡改为贴纸，这样其他人可以看到那些全天都做出了良好行为的孩子。

（2）对于年龄较大的孩子来说，这种策略的效果的持续时间可能会很短暂。为确保孩子们仍能被这些卡片激励，可以向获得哇卡的孩子或其家长发送电子邮件以示鼓励。此外，还可以允许孩子们用他们喜欢的名字重新命名哇卡。

### 思考

（1）你如何在更大的群体或场合（如集会或户外活动）中使用哇卡？

（2）你认为哇卡对个别孩子、小组还是整个班级更有效？

**资源链接**

策略 24　裁判卡
策略 26　“停止—前进”卡
策略 86　交通灯

# 策略 26 “停止—前进”卡

## 说明

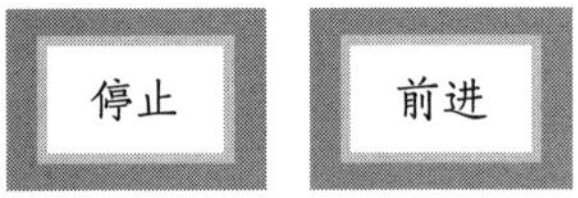


“停止—前进”卡是一种非常简单的管理工具，主要包括两张卡片：一张卡片一面显示“前进”的字样，一面是绿色的；另一张卡片一面显示“停止”的字样，另一面是红色的。这些卡片可用于启动或停止孩子的活动，也可用于预防不良行为。孩子们需要认识到这些卡片所代表的含义，在看到“停止”卡时立即停止正在做的事情，并看向教师；当教师出示“前进”卡时，孩子们可以开始或继续活动。“停止”卡的红色面可用于全班教学，也可以展示给做出错误选择的特定孩子，以管理他们的行为。“前进”卡的绿色面可以以类似的方式使用，以表示对积极行为的认可。

这些卡片也可以在室外使用，例如在室外的体育课等集体活动中使用，甚至可以轻松地用于外出活动时的行为管理。

## 实用小贴士

- 将卡片做得足够大，以便孩子们能够清楚地看到。
- 选择一名在行为表现上让你印象深刻的孩子，让他佩戴一套迷你版卡片（挂在颈部），并请他参与决定何时使用卡片，协助你进行行为管理。
- 如果孩子们不容易注意到卡片，那么可以尝试使用手电筒，或者在出示“停止”或“前进”卡的同时说出“停止”或“前进”。
- 这些卡片可以作为更广泛的奖励计划的一部分。例如，当孩子因表现良好被出示“前进”卡时，你就可以奖励他们贴纸或积分。

## 使用该策略的优势

- “停止—前进”卡是管理低级别干扰行为的绝佳方式。
- 在全班讨论时，卡片能非常有效地控制讨论时间。
- 出示这些卡片可以迅速解决孩子的行为问题，以免其行为失控。
- 卡片可以用来表扬积极的行为，以及警告表现出不良行为的孩子。
- 孩子们很容易将“停止”和“前进”与卡片的颜色联系起来。

## 调整建议

（1）在开放的环境中，可以将“停止”和“前进”卡同时投影到多个交互式白板上。这种放大版卡片还可以用来提示整理活动。

（2）对于年龄较大的孩子，可以使用彩色灯光代替卡片，甚至可以用手势或动作代替卡片。

（3）这些卡片可以用于多种目的：管理噪声、预防低级别干扰行为、启动（结束）活动，或者表扬孩子。

## 思考

（1）在幼儿园，哪些情况下“停止—前进”卡可能会特别有效？

（2）在嘈杂的环境中，你使用这些卡片时可以搭配什么声音？

**资源链接**

策略 24　裁判卡
策略 86　交通灯

# 策略 27 印章

海伦·威尔逊

## 说明

在早期教育中，使用印章是一种简单且非常有效的方式，可以用来鼓励和奖励孩子的积极行为。它们能够给予孩子即时反馈和行为方面的肯定。你可以在孩子的作品、图表上盖章，甚至可以将印章盖在孩子的手背上。印章可以用来激励个别孩子的某种积极行为，进而对其他孩子的行为产生积极影响。通过奖励强化积极的行为，你很可能会看到孩子们重复这些你期望的行为。使用印章还能帮助孩子在特定学科或主题领域建立自尊和自信。

## 实用小贴士

- 确保使用的印章对每个孩子都有吸引力。了解他们的兴趣，这样印章才有真正的吸引力，例如，笑脸印章可能不如恐龙印章受欢迎。
- 将印章展示在图表上，以便让更多人看到孩子的成就——盖在书页上的印章往往会被遗忘。
- 每次专注于一种行为，让孩子们清楚你正在关注哪种积极的行为。
- 确保所有成人都清楚哪种行为是目标行为或奖励对象。
- 不要过度使用印章，否则印章会失去效果。

## 使用该策略的优势

- 这是一种非常简单且即时的奖励方式。
- 如果能坚持不懈地谨慎使用，印章可以迅速给孩子们带来非常积极的行为改变。
- 有各种各样的印章和不同颜色的墨水可供选择，印章上的图案可以是卡通人物，也可以是孩子最喜欢的故事书里的角色。
- 方便孩子将其带回家，让家长也能参与其中！

## 调整建议

（1）贴纸是一种非常有用且有效的印章替代品。

（2）可以制作图表来统计孩子们收集到的印章数量。

（3）使用不同颜色的墨水来区分不同的目标行为。

（4）设定一个印章数量目标，孩子达成目标后可以获得特别奖励。

（5）印章还可以用于奖励专注、助人、整理物品等行为。

## 思考

印章策略是否对所有孩子都适用？你必须真正了解什么方法对个别孩子有效，才能改变其行为。

**资源链接**

策略 5 积极的表扬
策略 41 贴纸
策略 93 奖励图表

# 策略 28 数字卡

## 说明

数字卡是一种非常简单易用的资源，可以用来管理孩子们在室内外的行为。教师随身携带一些卡片，其中一些卡片上标有数字“1”，另一些卡片上标有数字“2”。当孩子们在玩耍或学习时，教师会将一张标有“1”的卡片发给表现特别好的孩子——这个孩子需要将卡片投入标有“1”的盒子中。对于表现不好的孩子，教师会发给他们标有“2”的卡片，这张卡片需要被放入标有“2”的盒子中。在活动或一天结束时，教师会清点每个盒子中卡片的数量——检查是否发出了更多的标有“1”的卡片。如果发出的标有“2”的卡片数量较多，教师可以引导孩子们反思自己在活动或一天中的行为表现。

## 实用小贴士

- 确保使用不同颜色的卡片（绿色代表“1”，黄色代表“2”），同时确保孩子们投放卡片的盒子的颜色与所投放的卡片的颜色一致。
- 避免在给孩子卡片时表现得过于夸张——可以微笑着将“1”卡放在他们身边，用惊讶或略带失望的表情放置“2”卡，以免干扰孩子的学习，尤其是那些收到“1”卡的孩子。
- 定期以集体或一对一的形式与孩子们回顾“1”卡和“2”卡的含义，确保他们清楚哪些行为对应哪种卡片。
- 把你发放的卡片记录下来，以便每个孩子都能在活动或一天中得到一张卡片。

## 使用该策略的优势

- 儿童喜欢知道自己表现良好——他们会很快习惯数字卡，渴望并努力获得“1”卡。
- 同伴的影响有助于管理那些收到“2”卡的孩子——我们曾看到孩子们帮助那些拿到“2”卡的孩子反思他们的行为，并讨论如何才能获得“1”卡。

## 调整建议

（1）孩子的年龄决定了我们使用的卡片的数量——对于年龄较小的孩子，教师可只使用“1”卡和“2”卡；对于年龄较大的孩子，如果合适，可以将卡片类型扩展到“3”卡和“4”卡。

（2）卡片上的数字可以与特定行为关联，具体取决于孩子的年龄和能力，例如：1= 良好的举止；2= 积极的行为；3= 与同伴和成人的积极关系。

（3）可以将数字改为字母或词语，例如“A”“B”“良好！”“想一想！”“做得好！”“反思！”。

## 思考

（1）你打算用什么颜色制作卡片？为什么选择这些颜色？

（2）如果一个孩子得到了一张“1”卡，他在当天还能再得到一张“1”卡吗？如果你班里有一个孩子连续收到三张“2”卡，你会怎么做？

**资源链接**

策略 24 裁判卡
策略 26 “停止—前进”卡

# 策略29 抽奖券

## 说明

抽奖券背后的理念是让孩子把获得抽奖券当作一种象征性的奖励。每当孩子做了特别友善的事情、完成了令人满意的工作或者表现出某些良好的行为时，他们就会得到一张券。这些券可以由学校里的任何成人发放。发放券时，请把孩子的名字写在券的背面，然后让孩子将其投入一个指定的箱子里。接下来会发生什么取决于你想如何奖励孩子——这可以通过多种方式实现。对于年龄较小的孩子，我建议每周甚至每天进行一次抽奖；而对于年龄较大的孩子，可以每两周甚至每半个学期进行一次抽奖。奖励可以是小奖品、证书、只针对某个孩子的特别活动，或者是对被抽到奖券的一群孩子的奖励，例如额外的游戏时间或组织一次小型派对。

## 实用小贴士

- 在抽奖前宣传奖品，以激发孩子们的积极性。
- 让抽奖箱成为一个亮点——你可以在实施该策略的第一周请孩子们装饰这个箱子。
- 邀请一名高级管理团队的成员参加抽奖活动。
- 你可以给受到表扬的孩子家里寄一封信，让家长知道孩子的良好行为或进步得到了认可。

- 在每次抽奖时，请记住有许多孩子虽然获得了抽奖券，但可能并不会被抽到。因此，请在抽奖之前，向全班孩子表示祝贺。

## 使用该策略的优势

- 孩子们通过抽奖券获得即时认可。
- 该策略易于在整个幼儿园里实施，而不仅仅是在某个班级里。
- 抽奖是所有孩子每周 / 每天都会期待的事情。
- 你可以通过定期更换奖励来保持奖励的刺激性，从而使这一策略保持有效。

## 调整建议

（1）让年龄较大的孩子参与奖励的设置。允许他们制作海报来公布每周的奖品。鼓励孩子们收集抽奖券并为班里的其他同学抽奖。

（2）不要给年龄较小的孩子使用带编号的抽奖券，可以使用带有孩子照片或名字的小型塑封卡片，这样他们可以更多地参与抽奖并更好地理解这些奖励。

## 思考

（1）一周结束时，如果有些孩子虽然获得过很多抽奖券但未赢得最终的奖品，你会表扬他们吗？如何表扬？

（2）你会让孩子参与抽奖吗？如何参与？

**资源链接**

策略 95 小组积分

策略 68 期末 / 年终颁奖典礼

# 策略 30 行为魔法粉

## 说明

行为魔法粉具有多种功能，适用于各个环境（无论是家庭还是学校）和不同年龄段的孩子。教师可以在需要时随时采用这个策略，以应对孩子们已出现的行为问题，或将其作为预防措施。教师可以在活动伊始，为孩子们撒行为魔法粉，这样能够有效地引导孩子们展现出积极的行为。若遇到孩子出现不恰当的行为，教师可以适时与他们沟通，并为其撒上一层行为魔法粉，以此激励他们选择更恰当的行为方式。

## 实用小贴士

- 行为魔法粉可以是想象的，也可以是真实的——可以考虑使用细闪粉或质地较软的彩色粉末（我们发现不使用任何粉末的效果最好！）。
- 教师可以将行为魔法粉放在自己的口袋里，或放在一个特殊的袋子里，确保可以随时取用！
- 教师可以将行为魔法粉撒在孩子的头上，也可以将其撒在与不恰当行为相关的某个身体部位，例如手或脚（如果他们表现出了需要被管控的打人或踢人的行为）。
- 为了保持行为魔法粉的“神奇力量”，请确保只有教师才能使用它。

## 使用该策略的优势

- 儿童非常相信这种行为魔法粉的力量。运用你的讲故事技巧，向孩子们展示这种粉末对他们的行为可能产生的神秘而强大的作用。

- 这种资源的成本较低（甚至可能不需要任何成本），但如果你在孩子们身上使用大量（真实的）粉末，也可能会增加成本！
- 根据具体情况，行为魔法粉可以用于个人、小组或整个班级。

## 调整建议

（1）对于年龄较大的孩子，可以鼓励他们将行为魔法粉涂抹在那些他们认为出现不当行为的身体部位上，比如涂在嘴边（如果他们意识到自己说出了不恰当的话语）或者涂在手指上（如果他们意识到自己总是不由自主地破坏物品）。

（2）行为魔法粉可以通过黑白魔法棒（适合男孩）或粉色星星魔法棒（适合女孩）来“撒落”。

（3）如果孩子们希望监督同伴的行为，他们可以为自己的行为魔法粉制作一个容器。

## 思考

（1）在你的班里，行为魔法粉对哪类孩子最有效？

（2）你会使用想象的还是真实的行为魔法粉？为什么？

（3）你认为一天中你会在班级里使用多少次行为魔法粉？为什么是这个次数？

资源链接

策略 22 口哨或铃铛

## 第四章

# 他人管理策略

# 策略 31 助教

## 说明

助教是协助管理儿童行为的重要力量，当其与主班教师保持一致的做法时，就可以营造出一种和谐、高效且安全的环境，让孩子们能够安心地进行学习和探索。助教通过观察并学习主班教师所使用的策略，从而使某种行为管理方式得到巩固并强化，进而与孩子们建立持久且富有成效的关系。

## 实用小贴士

- 确保你的助教有一份学校的儿童行为标准复印件，并拥有足够的阅读和深入思考的时间。
- 与助教探讨你计划对儿童实施的策略——你的助教是否认同这些策略？他们是否有更好的建议？他们能否识别出目前实施的策略中可能存在的问题？
- 在回顾策略的成效与不足时，请与助教共同分析——他们有什么好的“替代方案”可供孩子们使用吗？
- 确保你已经拥有了一套额外的实用行为管理资源（详见第三章），以便助教在辅导孩子们时也能使用属于自己的资源。

## 使用该策略的优势

- 与助教合作会让他们感到自己是团队的成员。
- 一致的方法有助于防止行为问题的恶化。
- 助教可能有很多有用的想法——你可以利用他们的知识和专长来获得新思路，并让他们感受到被重视。

- 当孩子们知道所有教师都“步调一致”时，就能避免他们利用个别教师而出现投机行为。

## 调整建议

（1）对于年龄较小的孩子，助教需要与主班教师分享并讨论自己的行为管理策略需求，以便能够有效地处理与孩子相处时遇到的困难。

（2）在管理年龄较大的孩子时，由于助教可能每次只在班里停留一小时，因此主班教师需要向助教展示和示范班级里使用的规则和策略。

## 思考

（1）如何更有效地与助教合作来管理孩子们的行为？

（2）你的助教是否拥有一套个人专属的儿童行为管理实用资源？如果没有，为什么呢？

**资源链接**

策略 32　学习导师
策略 37　家长参与

# 策略 32 学习导师

海伦·威尔逊

## 说明

设立学习导师是一种相对较新的方法，用于帮助那些有行为问题的孩子。他们在学术型教师提供的支持和某些教育环境中零散的支持间架起了“桥梁”，旨在帮助部分孩子扫除可能遇到的学习障碍。通常（也有例外），学习导师是学校内部任命的，因为他们需要对所支持的儿童（及其背景）有深入的了解。他们不应固定在某个班级，而是应当在整个机构中根据需要为孩子们提供帮助。他们的职责是干预和应对表现出破坏性行为或令人担忧的行为的儿童或儿童小组；将这些孩子带离教室，通过对话追溯行为产生的根本原因，调查行为背后的动机，讨论孩子们的担忧、恐惧和焦虑，以便其找到最佳的前进方向，并恢复积极的行为模式。

## 实用小贴士

- 不要将学习导师仅仅视为临时的户外活动辅助人员——他们的角色远比你想象的有价值。
- 至关重要的是，要为学习导师提供一个工作室。孩子们可以在这里安心、自由地讨论个人问题。这个空间应当是安全、宁静、私密且固定的。

- 在学习导师的工作室内布置海报和图片来强化有关积极行为的信息。
- 设置一个“游戏”区域，以支持分享、轮流、保护环境和爱护设备等积极行为。
- 让孩子们为学习导师的工作室命名，以便他们对该空间有“归属感”。
- 调查你所在地区的其他学校对学习导师的安排情况，并建立一个互助小组。

## 使用该策略的优势

- 你可以随时联系到学习导师，以帮助那些在活动或放松环节中遇到困难的、有不同需求的儿童。
- 学习导师可以与教师合作，帮助儿童充分发挥他们的潜力。
- 学习导师的协助可以让教师放心地回归到教学中，因为他们知道行为问题正在被妥善处理。

## 调整建议

（1）学校里年龄较大的孩子可以成为学习导师，在某些方面指导年龄较小的孩子，例如在阅读或户外活动中为年龄较小的孩子提供帮助。

（2）在午餐和休息时间让学习导师提供临时咨询服务，以便即时处理问题。

## 思考

（1）你是否得到了全体教职工的支持，以确保这一支持机制有效运作？

（2）你们有专门供学习导师使用的空间吗？

（3）附近有没有已经配备学习导师的学校？你可以参观并与他们建立支持网络吗？

**资源链接**

策略 31 助教

策略 34 同伴调解员

策略 35 学校委员会

# 策略 33 午间督导员

## 说明

午间督导员需要在一天中最具挑战性的时段之一——午餐时间管理儿童的行为！每天，孩子们匆匆忙忙地冲进餐厅吃午餐，又争先恐后地跑到操场或游戏区，这期间督导员需要应对各种复杂的情况，包括管理肆意奔跑、大声喊叫等不良行为。午间督导员并非受过专业培训的教育工作者。他们中的许多人缺乏相关知识，无法有效应对孩子们在午餐时间出现的各种行为问题。不过，通过与午间督导员合作，我们可以对孩子们的行为产生积极的影响；这可以通过采纳以下提供的一些“实用小贴士”来实现。

## 实用小贴士

- 与孩子们进行沟通，教导他们在幼儿园里对所有工作人员保持礼貌和尊重的态度。
- 为午间督导员准备一份简明的管理策略清单，以帮助他们在午餐时间管理孩子们的行为，如实施临时隔离、投以“严厉目光”、发放贴纸、进行口头表扬、降低音量，以及在小本子上记录事件并适时与班级教师沟通。
- 鼓励午间督导员进入你的班级工作，以便他们与自己将要照看的儿童建立积极的关系——记住孩子们的名字已经成功了一半！
- 定期感谢午间督导员的付出——如果他们感到被重视，就更有可能保持“支持的态度”。

## 使用该策略的优势

- 高效的午间督导员能够确保你在午餐后最大限度地利用教学时间，而不是在孩子们返回学习场所后，再花费时间去处理他们的行为问题。
- 午间督导员可以强化成人对孩子们的行为期望，并为早上表现出不良行为的孩子提供帮助。
- 当孩子们由熟悉的且善于管理的成人照顾时，他们会更快乐。

## 调整建议

（1）午间督导员在管理年龄较小的孩子时具有优势，因为他们通常被分配到规模较小的小组，工作内容是在用餐、如厕、从教室走到餐厅，以及最终到达操场或游戏区时为孩子们提供支持。

（2）为午间督导员提供儿童行为管理方面的培训——这有助于保持管理措施的一致性。

## 思考

（1）你的午间督导员知道所有孩子的名字吗？

（2）你会与午间督导员分享哪些“快速应对”策略，以确保他们在与孩子们相处的时间里态度平和、支持孩子且“无行为问题”？

**资源链接**

策略 29　抽奖券

策略 81　思考椅

# 策略 34　同伴调解员

**案例**

马尔科和特莎在操场上观察其他孩子玩耍时，注意到秋千附近发生了一场争执。他们走过去并介绍了自己，提醒小伙伴他们是同伴调解员，不会偏袒任何一方。马尔科牢记调解员倾听双方的职责，鼓励双方分享各自对事件的看法，这让双方都有机会说明情况。接着，马尔科列出了导致冲突的明显问题。特莎则支持冲突双方，鼓励他们达成一致的意见。随后，两位调解员与冲突双方一起执行了达成的协议。

事件结束后，马尔科和特莎将协助过的小伙伴的名字写在同伴调解记录本上，教师会在周末进行检查。

## 实用小贴士

- 任命表现良好的孩子担任同伴调解员，作为对他们为其他孩子树立良好榜样的奖励。
- 给同伴调解员戴上帽子，以便操场上的其他孩子能轻松地认出他们，并在需要支持时主动寻求帮助。
- 定期检查同伴调解记录本，查看是否有重复出现的名字；如果有，你可能需要重点关注对于这些孩子的行为管理，以减少冲突事件的发生。
- 每半学期轮换一次同伴调解员，以便其他孩子也有机会发展宝贵的技能。

- 确保支持孩子们，教他们做好调解员，并在其值班时随时提供帮助。

## 使用该策略的优势

- 孩子们被赋予责任，并感受到尊重和重视。
- 他们可以为午间督导员在操场上处理突发事件提供支持。
- 孩子们掌握了宝贵的社交技能，并学会了如何应对可能遭遇的各种冲突。
- 户外问题能够更快地得到解决。
- 户外游戏结束后，孩子们会更快地安静下来，而不是急于告状。

## 调整建议

（1）由于室内活动的组织性更强，因此发生冲突的可能性较低。如果确实出现问题，可以让孩子们参与调解室内冲突。

（2）年龄较小的孩子可能难以完全掌握调解同伴冲突的技能。如果可能的话，安排午间督导员跟随他们，以便随时为他们提供支持。

（3）允许孩子们制定操场行为准则，以支持同伴调解员更好地管理冲突事件。

## 思考

（1）你将如何培训和支持同伴调解员？

（2）你认为孩子们需要哪些资源才能成为有效的同伴调解员？

（3）你会同时安排多少名同伴调解员？

**资源链接**

策略 33　午间督导员
策略 35　学校委员会

# 策略 35　学校委员会

海伦·威尔逊

## 说明

学校委员会是由学生代表组成的团体。这些代表由他们的同学选举产生，负责向学校的高级管理人员和董事会反映关键问题。学校委员会还可以代表同学提出并推进新倡议和新的项目想法，涉及为课间活动提供的资源类型、友谊长椅的设置或课后活动俱乐部的种类。

学校委员会在学期内定期举行会议，期间由一名成人协助管理会议，并指导他们如何将决策付诸行动。

## 实用小贴士

- 确保所有人都知道学校委员会的宗旨和目标。
- 定期召开反馈会，让其他孩子看到自己的意见和建议正在被落实。
- 如果孩子们的某些想法未被采纳，确保向他们解释决策过程，以便他们了解决策背后的原因。
- 定期更换代表，以便所有孩子都有机会（如果他们愿意）推进自己所在小组的想法的落实。
- 明确代表的角色和职责，以便孩子们选出他们认为可以胜任的人选！

## 使用该策略的优势

- 帮助儿童感受到他们在学校决策过程中扮演着重要的角色。

- 让成人了解儿童对于涉及自身的决策的真实感受。
- 可以让孩子们积极参与，让学校生活更贴近他们的实际需求。
- 学校委员会培养了儿童的“生活技能”——儿童能够在更大的平台上表达想法、解决问题，并学习妥协的艺术。
- 有助于密切师生关系。

## 调整建议

（1）通过选举代表的方式成立班级委员会，提出与班级相关的问题。

（2）建立专注于特定项目的小组，例如一个致力于提升课间休息质量的小组，以确保所有孩子都能在课间享受到更加快乐和有趣的时光。

（3）设立一个“自我选举”的委员会，以便更多孩子能够参与到决策过程之中。

## 思考

（1）学校的高级管理人员和董事会成员是否准备好倾听并真正接纳孩子们提出的问题和想法？

（2）你的管理团队能否安排定期的会议时间，以确保学校委员会的有效运作？

**资源链接**

策略 34　同伴调解员
策略 36　高级管理团队

# 策略 36 高级管理团队

## 说明

在学校，高级管理团队是一个重要的群体。该团队可能包括校长、副校长、助理校长、年级组长、班级负责人、高级技能教师、关键阶段协调员等。实际上，高级管理团队由许多担任不同管理角色和职责的人员组成，因此了解你所在机构中的这些成员非常重要。他们的职责之一是协助你管理孩子们的行为，这涉及在现场提供直接的帮助，以及通过制定政策来推动相关实践和理念的落实。

## 实用小贴士

- 确保你知道谁是行为协调员，以便在需要时向其寻求指导和支持。请记住：他们的职责就是支持你，寻求他们的建议并不代表失败。
- 邀请高级管理团队成员到你的教室观察你和孩子们的表现。这将使他们有机会了解孩子们的行为表现，以及你尝试管理这些行为的方式。
- 请求观摩高级管理团队成员与他们班孩子的互动情况，学习和借鉴他们的优秀实践，并将其调整后应用到自己的实践中。

## 使用该策略的优势

- 高级管理团队将为你提供指导和支持——帮助你是他们的工作！
- 高级管理团队成员拥有丰富的经验，他们可以将其分享给你。
- 通过观察高级管理团队成员对不当行为的管理，你将学习到优秀的实践方法。

- 与高级管理团队成员保持健康的对话，是帮助你保持正确视角的有效方式。

## 调整建议

（1）多与不同年龄、经验和角色的高级管理团队成员交流，你将会得到多样化的反馈。

（2）努力寻求多样化的回应，以与他人达成关于有效的行为管理策略的共识。

## 思考

（1）你是否认识高级管理团队的所有成员？

（2）你上次与行为协调员讨论孩子们的行为表现是什么时候？

（3）高级管理团队成员何时可以来观察或支持你的实践？

**资源链接**

策略 32　学习导师

策略 33　午间督导员

# 策略 37 家长参与

## 说明

家长在管理儿童行为方面扮演着重要的角色。家长在家庭中对孩子及其行为的影响，与教师在学校中的影响类似。让家长参与孩子的行为管理，可以确保学校与家庭间有一定的一致性——管理孩子的行为将会更容易，也能减少孩子的困惑。

家长可以通过多种方式定期参与教育环境中的行为管理，涉及家长会、报告、行为日记、多重计划、家访信、电话沟通、上学和放学时段的聊天、短信以及通过孩子传递的信息。

## 实用小贴士

- 尽可能让家长参与管理孩子的行为。
- 确保你表现得平易近人，这样家长才会感到舒服，进而愿意与你讨论孩子的行为问题。
- 及时把孩子在课堂上的任何问题告诉家长。
- 除了报告问题外，也要向家长传达有关孩子行为的积极信息——孩子在家里得到积极的反馈，将有助于他们在学校里继续保持良好的行为。
- 关注家长对你发送的信息的回应——在某些情况下，这可能需要一点时间和耐心，但这很重要，因为你必须确保信息已被家长知悉。

## 使用该策略的优势

- 沟通有助于家长与教师之间建立一种重要的关系。

- 孩子意识到自己的家长参与其中，会更有表现出积极行为的动力，也更有可能表现得理智。
- 家长可以提供关于孩子的信息，这可以帮助你更有效地管理孩子的行为。
- 家长会更愿意分享家庭中可能影响孩子行为的问题。

## 调整建议

（1）鼓励孩子们邀请家长一起参与指导和改善他们的行为。

（2）邀请家长到学校帮忙——孩子会对家长的陪伴产生积极反应。一旦基本的常规建立，你和家长的关系就可以支持你在教育场所中的行为管理。

（3）如果你正在对某个孩子的行为进行干预，那么可以让他们对自己的行为进行评分，并将这些信息带回家与家长讨论。

## 思考

（1）你会推荐家长使用本书其他章节中的哪些策略？

（2）面对不相信孩子有不良行为的家长，你会如何应对？

**资源链接**

策略 43　行为日记

策略 48　多重计划

# 策略 38 教育心理学家

海伦·威尔逊

## 说明

教育心理学家是经过全面培训的专家，由地方教育行政部门聘请。在行为管理领域，他们发挥着至关重要的作用。他们能够应对儿童和青少年遇到的各种难题，尤其是那些教师或教育机构难以单独应对的棘手情况。他们可以帮助孩子解决学习困难、社交或情感等方面的问题。教育心理学家会与教育、卫生和社会服务行业的其他专家保持紧密的沟通与合作。他们的工作既包括直接为孩子提供服务，也涵盖通过与教师、家长、其他专业人员的合作间接地帮助孩子。他们负责评估并推荐最合适的教育方案和支持措施。

## 实用小贴士

- 如果你担心某个孩子，并认为他可能需要进一步的支持，请定期进行针对性的观察，以明确问题所在。
- 定期与所有曾接触或正在接触孩子的人（孩子的父母、前任教师或护理人员）进行沟通，以便全面了解校外可能会对孩子的行为产生影响的因素。
- 将孩子特定负面行为的关键诱因，以及曾对孩子使用过的策略（无论成功与否）记录下来，作为申请外部支持时的依据。

## 使用该策略的优势

- 教育心理学家的工作范围很广，旨在促进儿童的学习。
- 他们协助工作人员撰写报告，以申请特定的教育设备或专业支持。
- 他们规划学习方案，并与教师和其他专业人员协同工作。
- 教师可以学习到新的策略。

## 调整建议

（1）尝试邀请学习导师参与其中，以寻找不同的管理方式，帮助各方更加开放地讨论孩子可能遇到的问题。

（2）建立同伴支持系统，以便让年龄较大的孩子充当年龄较小的孩子的“伙伴”或正面榜样。

## 思考

（1）在制定或审查新的行为管理政策时，你是否参考了教育心理学家提出的专业理论？

（2）你是否了解在面对有学习困难的儿童时，你作为工作人员可以使用的全套支持服务？

（3）你知道在什么情况下可以请求此类服务的支持吗？

**资源链接**

策略 32　学习导师

策略 39　言语治疗师

# 策略 39 言语治疗师

## 说明

在语言表达或与他人沟通方面有困难的儿童，很可能会因为无法有效地使用语言或难以被他人理解而感到沮丧，从而表现出行为问题。言语治疗师接受过专业培训，能够与儿童家长及其他成人合作，评估儿童是否存在语言或沟通困难，以及这些障碍对儿童生活的影响。如果确有必要，治疗师会制定帮助孩子充分发挥沟通潜力的方案。通过与教师、家长的合作，言语治疗师可以设计干预措施、支持计划和策略，帮助孩子解决这些困难。这些措施的核心目标在于帮助孩子建立自信，使他们有能力充分运用自己的语言和沟通技能。

## 实用小贴士

- 请与当地政府联系，获取你所在地区的言语治疗师的名单。
- 与言语治疗师合作，并确保与同事共享治疗师提供的建议，以便在支持孩子时实施一致的“行动计划”。
- 考虑使用沟通辅助工具——如沟通图表、图书、文字和符号以及麦克风，以帮助孩子更好地沟通。
- 确保言语治疗师来你的机构工作时，能有一个专用空间与有语言障碍的孩子进行互动，这有助于他们集中精力帮助孩子们。

## 使用该策略的优势

- 言语治疗师具备专业的知识，能够帮助在沟通方面有困难的孩子更有效地表达——这对孩子的自尊和行为有积极的影响。

- 言语治疗师还可以为在饮食、饮水或吞咽方面有困难的孩子提供支持和建议——这可能有助于解决孩子在餐厅出现的行为问题。

## 言语治疗师支持孩子的方式

（1）为其他服务提供者（如卫生和社会工作者）提供培训和建议。

（2）设计能够帮助其他人员在不同环境中支持孩子的工作计划和方法。

（3）提供评估服务、沟通辅助工具和资源。

（4）参与制订孩子的教育计划和（顺利适应新环境或学习阶段的）过渡计划。

（5）对孩子进行一对一或小组形式的直接治疗。

## 思考

（1）你知道你所在地区的言语治疗师都有谁吗？你有他们的联系方式吗？（请记住，他们是很忙的人！）

（2）你认为你的班级中哪些孩子会从言语治疗师的支持中受益？你是怎么知道的？

**资源链接**

策略 48　多重计划

策略 46　学习目标

# 策略 40　社区警察

## 说明

在行为管理方面，需要记住重要的一点：切忌“单打独斗”。社区里有很多人可以为你和你所在班级的孩子提供管理不良行为方面的帮助。例如，如果孩子过马路时行为不当，或者发生了孩子“擅自取走”他人物品的事件，寻求社区警察的协助就是一个极佳的选择。这样你可以引入一个新的角色来帮助你管理孩子的行为问题，也能够向孩子强调出行过程中的危险因子，加强交通安全教育，还能让孩子明白诚实的重要性。

## 实用小贴士

- 确保来访的社区警察能用“儿童听得懂的方式”与儿童交流——他们可能擅长与青少年和成人沟通，但面对儿童时，需采用儿童理解的方式。
- 提供角色扮演和模拟场景的机会，让儿童“体验”一些引人关注的情境，如穿过熙熙攘攘的街道或偷走女王的珠宝。在这个过程中，与儿童一起反思不同人物的心情和感受。
- 与社区警察携手，运用玩偶、面具、歌曲、绘画、故事书、户外游戏、参观、视频、电子游戏和舞蹈等多种形式，共同制定解决策略，以应对那些令人担忧的行为问题。

## 使用该策略的优势

- 社区警察能够以有效且有力的方式向孩子们传达重要的信息。
- 儿童对穿制服的人充满好奇，这有助于培养他们对提供“公共服务”的工作者的理性尊重。

- 在应对麻烦的行为时，借助他人的支持有助于“分担压力”。
- 有助于学校与警方建立积极的伙伴关系，进而造福当地社区。

## 调整建议

（1）社区警察可以受邀到校，与年龄较大的儿童在个人、社会和健康教育（Personal，Social and Health Education，简称 PSHE）以及公民教育课程中、圆圈活动中或学校集会上，讨论与“社区”行为相关的话题。

（2）对于年龄较小的孩子，社区警察可能每年提供几次课程支持；对于年龄较大的孩子，他们可能每半学期或一学期定期访问学校。

## 思考

（1）你知道你所在地区的社区警察都有谁吗？如何才能找到这方面的信息？

（2）你会鼓励社区警察重点关注孩子们的哪些行为？

**资源链接**

策略 36　高级管理团队
策略 37　家长参与

# 第五章

# 加强沟通的行为管理策略

# 策略 41 贴纸

海伦·威尔逊

## 说明

贴纸，即黏性标签，具有各种形状、大小、颜色和主题图案。在早教机构或幼儿园，它是一种非常有效的激励手段，体现了对积极行为的即时奖励和认可。贴纸操作简便，不仅可以激励特定孩子的积极行为，还能正面影响其他孩子的行为。恰当地使用贴纸奖励，能促使孩子们保持成人所期望的良好行为，同时也可以帮助他们建立自尊和自信。

## 实用小贴士

- 展示贴纸，让孩子们的成就得到大家的关注。这样，我们就能讨论他们的进步，并在其他孩子表现出不良行为时将其作为一种激励手段。
- 将贴纸展示在合适的地方，让所有人都能看到同伴的进步。孩子们看到的次数越多，激励效果就越好，你也就越有可能记得使用它。
- 一旦给孩子发放了贴纸，即使孩子表现出负面行为，也千万不要将其收回。请记住，一旦给予奖励，就不应再收回！
- 每次只关注一种行为，这样孩子就会清楚你鼓励的积极行为是什么。
- 确保所有成人都清楚被关注的积极行为（目标行为）是什么。
- 不要过度使用贴纸，否则会失去效果。

## 使用该策略的优势

- 这是一种非常简单且即时的奖励策略。
- 如果坚持不懈地正确使用贴纸，那么可以迅速让儿童产生积极的行为改变。
- 可供选择的贴纸的类型有很多——从卡通人物到孩子们喜欢的绘本角色。
- 贴纸方便孩子将其携带回家，因此家长也能参与到奖励孩子的过程中！

## 调整建议

（1）教辅人员可以建立自己的贴纸奖励系统，让孩子们对其管理和指导做出积极的回应。

（2）设定具体的有关贴纸数量的目标——孩子们一旦获得足够的贴纸，就可以换取特别的奖励！

（3）鼓励孩子们互相赠送贴纸，同时留心寻找好的榜样。

（4）可以利用计算机设计和制作自己的贴纸。

## 思考

（1）你会如何让孩子们参与到贴纸奖励的过程中？你会制定哪些基本规则？

（2）为了让孩子们对这一策略保持新鲜感，你需要准备多种多样的贴纸。你可以从哪里购买它们呢？

**资源链接**

策略 5　积极的表扬
策略 27　印章
策略 93　奖励图表

# 策略 42　SMARTC 目标板

## 说明

SMARTC[①] 目标板是一种有用的方法，可以为儿童提供明确的行为改进方向。它可以是一块展示板、一块小布告板或一块白板——上面展示着一系列写有 SMARTC 目标的卡片，旨在帮助特定的孩子朝着预期的学习目标而努力。例如，卡片上的内容可以是“萨姆的学习目标：能安静地坐在地毯上至少 3 分钟”。在本周结束前教师会对孩子完成目标的情况进行审查。孩子一旦实现目标，就会获得一张贴纸，随后可将 SMARTC 卡片撕碎并放入回收箱！

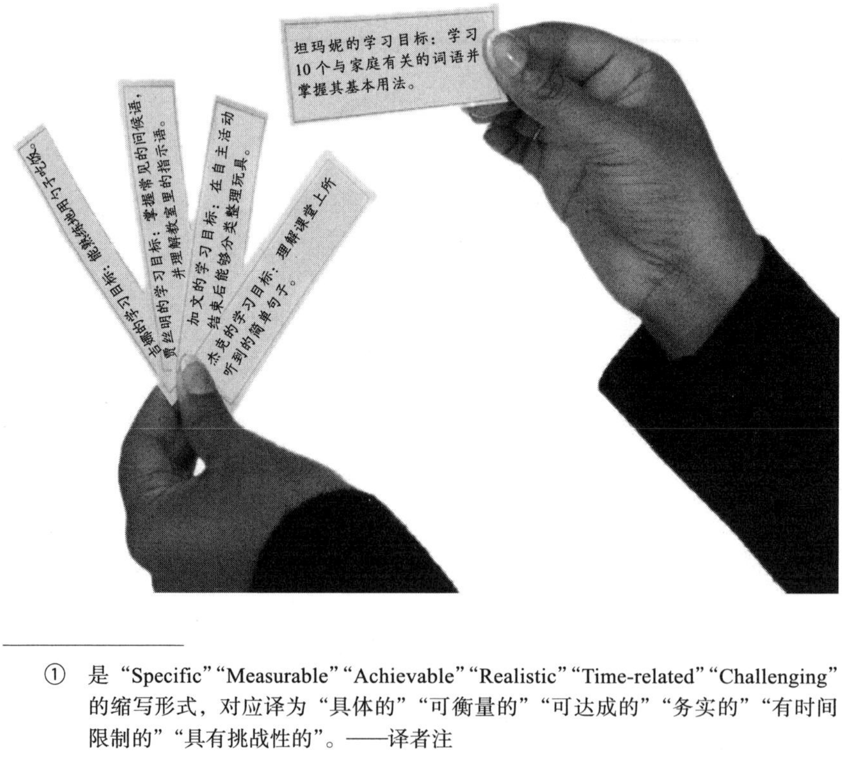


① 是“Specific”“Measurable”“Achievable”“Realistic”“Time-related”“Challenging”的缩写形式，对应译为“具体的”“可衡量的”“可达成的”“务实的”“有时间限制的”“具有挑战性的”。——译者注

### 实用小贴士

- 回顾整个课程（一天）中设定的目标，看看个人在实现目标方面做得如何。可以将目标展示在类似箭靶的背景板上，让孩子们直观地看到自己和目标的距离（即击中靶心），从而使他们更接近“目标”。
- 鼓励孩子们相互监督，关注彼此是否朝着各自的目标迈进，例如：“苏茜，你今早听到莎莉对别人说礼貌用语了吗？”“菲利普，马克在外面骑三轮车时记得与其他人轮流骑了吗？”
- 当孩子达成目标后，将所有孩子聚集在一起，共同审查并撕碎 SMARTC 卡片——这有助于孩子们真正感受到成就感，并看到自己在行为方面的进步。

### 使用该策略的优势

- SMARTC 目标为孩子们提供了明确的方向，让他们清楚自己应该做什么。
- 孩子们对 SMARTC 目标的反应很好，因为它可以帮助他们以小而可控的步骤专注于如何表现得更好。
- 随着时间的推移，你会看到孩子们在行为上的进步。
- SMARTC 目标板目前被认为是一种良好的教育方法。

### 调整建议

（1）鼓励年龄较大的孩子根据自己的行为设定专属的 SMARTC 目标，并请他们将其记录在卡片上。

（2）允许助教和其他教辅人员承担创建、管理和审查 SMARTC 目标的任务，以确保目标能有效促进其所照看儿童的良好行为。

（3）与家长和照顾者合作，为孩子设定家庭环境中的 SMARTC

目标。

### 思考

（1）在你的班级里，你会将 SMARTC 目标板展示在哪里？你会将其摆放在适合儿童观看的高度吗？为什么？

（2）你认为家长和照顾者看到他们的孩子的名字出现在 SMARTC 行为目标板上时，会不会感到不安？你将如何帮助他们理解这是一种支持性策略？

**资源链接**

策略 44　行为目标
策略 46　学习目标

# 策略 43　行为日记

## 说明

行为日记是一种通过家长、高级管理人员或行为专家的参与来支持和管理儿童行为的有效方式，主要是用来简单地记录儿童在家庭和学校的行为。记录行为的方式可以根据特定儿童的需求或儿童所处的环境进行调整。

教师会在日记中记录儿童在多个时间段内的行为，随后与其他工作人员交流这些信息。之后儿童将日记带回家，与家长分享记录的内容，家长可以据此讨论孩子的良好行为和不良行为。

## 实用小贴士

- 让儿童参与日记记录，询问孩子的意见，例如："你觉得对于今天早上的情况，我可以写些什么？"
- 给予家长和照顾者机会，让他们参与决定在日记中记录哪些内容。
- 在日记被带回家之前，与儿童确认谁能够看到他们的日记：是高级管理团队的成员，还是教育场所中的另一位教育工作者？
- 在每天开始时，重申你想从儿童身上看到的积极行为。
- 确保每天结束时，总能找到一些积极的内容并将其写进日记。

- 为重复出现的积极行为设立一个简单的奖励，如证书或贴纸。
- 留出时间就一天的情况进行简短的讨论，为儿童朗读你写在日记中的内容，并与儿童一起反思其第二天想要实现的目标。

## 使用该策略的优势

- 家长将与教育环境保持密切的联系，并深入地参与孩子的行为管理。
- 如果孩子存在严重的行为问题，管理层成员可以更深入地参与孩子的行为管理，并了解现有的支持情况。
- 当表现良好的时候，孩子可以从多个方面获得表扬。
- 孩子有机会与家长和教师一起反思自己的行为。
- 你可以快速地回顾孩子在一段时间内的行为表现，并识别出这些行为的触发因素。

## 调整建议

（1）这种策略也可以用于整个班级——为所有孩子写一本日记，并由高级管理人员收集和审阅，与个人日记类似。

（2）不必使用纸质手册记录，以电子邮件的形式发送给家长即可。

（3）可以设计一份积极行为日记，每天由表现最佳的儿童将其带回家。

## 思考

（1）这一策略适用于多个孩子吗？

（2）你是否可以请教育场所中的另一名工作人员作为导师，支持孩子使用行为日记？

**资源链接**

策略 44　行为目标
策略 37　家长参与
策略 41　贴纸

# 策略 44　行为目标

## 说明

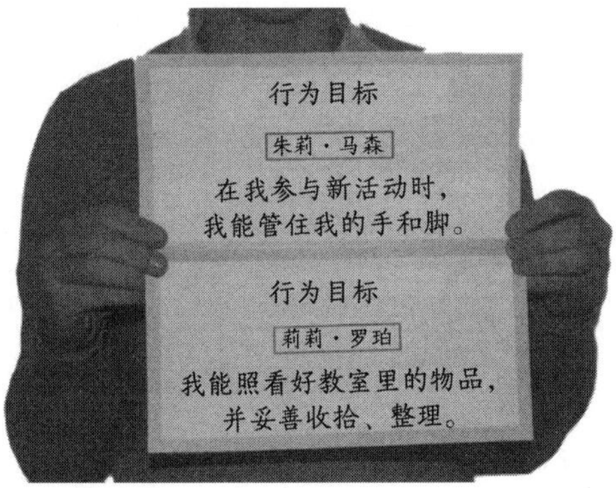


有时，孩子需要具体的目标来引导他们。对于不同的孩子来说，不良行为的触发因素各不相同，因此为每个孩子设定具体的目标，可以帮助我们关注他们的个体需求。以下可能是你在为孩子设定目标时需要关注的方面：孩子在幼儿园里的行为、对待活动的态度、对攻击性行为的控制、组织能力以及个人的技能。如果孩子清楚自己应该改进的方面，他们就更愿意承担管理自身行为的责任，也更有劲头去做好。孩子们不喜欢被“蒙在鼓里”，他们会感激你的坦诚相告。

## 实用小贴士

- 确保目标是积极的，例如以“我能”作为开头——这向孩子表明你相信他们有能力做出正确的选择。
- 将行为目标卡放在显眼的位置，确保孩子能够随时看到他们的目标，也便于教育环境中的其他教师支持孩子实现目标。
- 制作印有目标的贴纸，或者将目标贴在孩子的桌子上，以提醒他们记住自己的目标。
- 将孩子的目标告知家长，以便他们每日询问孩子关于目标的情况，从而支持你的工作。

- 当孩子达到目标时，请在目标卡上打钩；当他们获得约定数量的“√”时，以信件、证书或给家长发短信的形式给予孩子奖励。
- 鼓励其他孩子帮助同伴实现目标：“诺奇塔老师，我看到彼得做出了正确的选择，他在角色扮演区分享了（某件物品）。”

## 使用该策略的优势

- 孩子们可以时刻记住成人对他们的期望。
- 目标对孩子来说是非常个性化的。
- 家长可以参与其中，并通过讨论孩子在课堂上取得的进步来支持孩子。当孩子获得约定数量的“√”时，他们还可以将目标卡（及奖励）带回家（与家人分享）。
- 孩子们可以通过个人目标卡上“√”的数量，来了解自己的进步情况。
- 教育环境中的所有成人都可以了解孩子的目标，并且参与到对孩子的行为管理中。

## 调整建议

（1）对于年龄较大的孩子，他们可以在一个活动或一天结束时自评其个人目标的达成情况。

（2）如果孩子在达成某个目标后出现了与该目标相关的不当行为，不必担心，你可以再次提出该目标。但这一次，你应该让孩子参与到重新设定目标的过程中，以保持目标的激励作用。

（3）让年龄较大的孩子参与到行为管理中，他们担任导师来引导其他孩子，但要确保由你向家长反馈孩子在目标达成方面的进展。

## 思考

（1）你会如何向家长反馈他们的孩子在目标达成方面的进展？

（2）在你的班级里，哪种奖励措施最有效？请翻阅书中的策略，以获取一些思路。

**资源链接**

策略 46　学习目标
策略 43　行为日记

# 策略 45 电话 / 短信

## 说明

许多孩子认为，教师只会在课程（一天）的开始和结束时，通过面对面的方式与他们的家长沟通。然而，我们发现了能够促进孩子积极行为的有效方法——打电话和发短信。它们对加强家长与教师间的互动产生了真正的影响！

当孩子有特别好的表现时，教师可以给家长或照顾者打电话或发短信。通常，当教师联系家长时，家长往往会联想到负面情况。想象一下，家长在听到关于孩子的好消息时，会感到多么美妙！

## 实用小贴士

- 若家长或照顾者无法接听电话，请在其语音信箱中留言，因为这将成为他们当天晚间的惊喜。
- 亲自致电，而非依赖学校的秘书或财务人员——个人化的联系更能产生深远的影响力。
- 发送短信时，请确保内容专业且语气积极——避免使用非正式的短信缩写形式。
- 向家长或照顾者表达感谢，使他们感到自己对孩子的爱和付出得到了认可。请记住，每个人都乐于接受赞美。

## 使用该策略的优势

- 我们知道，家长在听到他们的孩子在学校表现良好时，会喜极而泣！
- 孩子们渴望家长和照顾者知道他们做得很好——得到的表扬

和认可越多，孩子们的表现就越好！

- 孩子的同伴也可以参与进来——我们鼓励班级里的其他孩子在每次课程结束时，在我们给家长的语音留言的末尾，齐声喊出“做得好！”。

## 调整建议

（1）除了电话和短信外，你还可以通过信件向家长传达孩子的行为表现。

（2）可以用学校的手机拍摄孩子的照片，然后发送到家长的手机上——这可能会成为他们手机的新壁纸！但请先征得家长的同意，再拍照片。

（3）鼓励家长与你保持联系，分享他们在家里帮助孩子管理行为时拍摄的照片。

## 思考

（1）你是否有孩子家长的最新联系方式？

（2）哪些家长会对关于他们孩子的短信或电话反应良好（不佳）？你是如何知道的？

**资源链接**

策略 43 行为日记
策略 47 信件

# 策略 46 学习目标

## 说明

学习目标与行为目标相似，但它们与孩子的学习有关。这些目标旨在通过为孩子们提供能够在指定时间内实现的具体目标，来提高他们的期望和动机水平。可以为孩子设定以下方面的目标：计数技能、对韵律和节奏的理解、识别不同颜色的能力，或者坚持写下自己名字的意愿。设定目标的目的是让孩子们有努力的方向，也为教师提供评估儿童的依据。实现目标的孩子可能会得到很多表扬——这不仅增强了他们的自尊心，还激发了他们对实现更多目标的渴望。这种积极的变化促使其行为得以改善，因为他们逐渐将注意力集中于学习，而不是调皮捣蛋上。

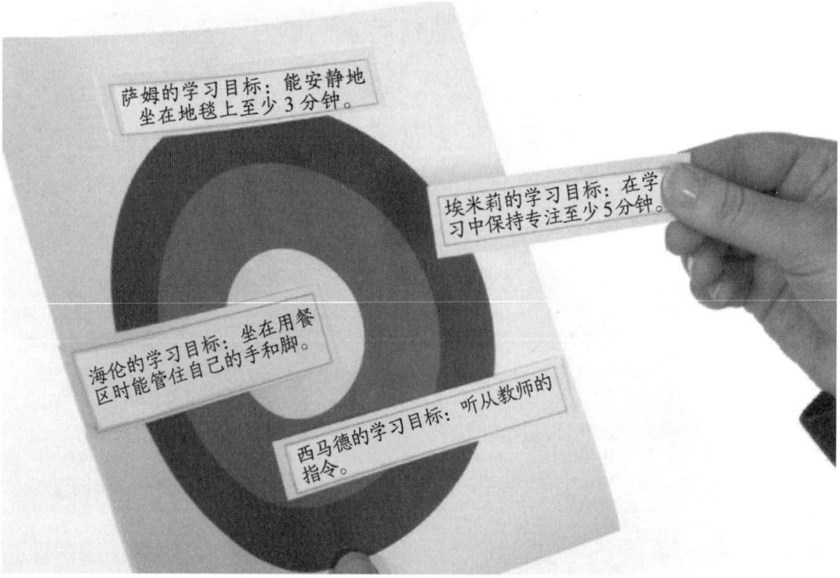

## 实用小贴士

- 设定具有 SMARTC 性质的目标——具体的、可衡量的、可达成的、务实的、有时间限制的且具有挑战性的。
- 通过口头和书面形式让孩子们了解他们的目标；制作展示架，以便家长和其他专业人士知道你所在班级中的儿童正在努力实现的目标。
- 通过观察孩子们在游戏中的表现，定期监控他们是否在朝着既定的学习目标迈进。
- 在你的班级里采用一套明确的方式，来庆祝孩子们取得的进步。
- 设定可在班级和家里落实的行动目标，以便家长可以在家里为孩子提供支持。

## 使用该策略的优势

- 如果孩子们有一个明确的实现目标的方向，他们就不太可能调皮捣蛋——很简单，对吧？
- 有动力的孩子不太可能表现出不当的行为。
- 孩子们喜欢在完成目标后，从教师以及同伴那里得到表扬和关注。
- 学习目标是对孩子的学习历程（早期教育）/ 评估档案（小学）的有益补充。

## 调整建议

（1）对于年龄较小的孩子，可以允许他们在几小时或几天内完成目标。

（2）鼓励家长在家里支持孩子实现目标——考虑他们该如何帮

助孩子达成目标。

（3）对于年龄较大的孩子，与他们一起制定目标，让其掌控自己的学习方向——他们是否清楚自己的优势和不足？

## 思考

（1）在你的工作场所中，你会在哪里展示学习目标？

（2）你为孩子们设定的目标会持续多长时间？为什么选择这一时长？

**资源链接**

策略 44　行为目标

策略 42　SMARTC 目标板

# 策略 47 信件

## 说明

一种有效的奖励孩子良好行为的方法是撰写一封信，并将其邮寄给孩子的家长。每封信都应当具有针对性和独特性，内容不该千篇一律，最好由教师手写或打印。在信件里，教师要真诚地表扬孩子的优秀表现，并向家长强调他们有充分的理由为孩子感到自豪。信中应清楚地列举孩子的具体行为表现及其发生的时间，以便家长和照顾者明确了解教师寄信的原因。当家长和照顾者在早餐或晚餐时刻拆阅这封信，并与孩子共同讨论时，这将是一个充满惊喜的时刻。

## 实用小贴士

- 确保使用学校的正式信纸，以突出其内容的重要性。
- 尽量及时寄出信件，以便在儿童表现出良好行为时达到奖励的效果；可以考虑使用一等邮票（次日到达）！
- 避免让孩子带信回家——这会削弱通过邮递收到信件的效果（不要使用电子邮件！）。
- 如果是打印信件，可以将字加粗或改为斜体，以强调某些词语，并突出你想要表扬的行为，如礼貌待人、友善、乐于分享、轮流参与活动、态度积极等。

## 使用该策略的优势

- 当家长和照顾者通过邮局收到关于自己孩子的信件时，他们会感到由衷的自豪——我们曾见过家长因收到这样的信件而感动得落泪。

- 家长和照顾者喜欢保存这类信件，作为孩子优秀表现的证明——这能提升家长和孩子的自尊和自信。
- 信件一旦被家长收到，就可以为我们提供一个与家长在学校内进行深入讨论的绝佳机会——这有助于学校与家长建立积极的互动关系。

## 调整建议

（1）对于年龄较小的孩子，应特别关注他们有时难以表现出来的行为，如轮流参与、举手回答问题、分享、倾听他人等。

（2）对于年龄较大的孩子，不仅要关注他们的行为表现，还要关注其学习态度，涉及毅力、思考行为、提问技巧、努力程度等。

## 思考

（1）如果家长的识字能力有限，信件是不是传达对孩子积极行为的肯定的最佳方式？

（2）你每周会寄出多少封信？为什么是这个数量？

资源链接

策略 49　证书

策略 41　贴纸

# 策略 48　多重计划

## 说明

多重计划有多种用途，其中之一是支持教师管理有行为困难的孩子。

该计划应在特殊教育需求协调员的协助下撰写，内容包括要实施的策略以及 SMARTC 目标，以支持并引导孩子和教师。教师会定期审查目标，在每学期期中或学期结束时，与特殊教育需求协调员、家长一起开会，讨论孩子取得的进步，并决定下一步的行动。教师还会与孩子一起围绕特定行为，编写一系列“我”的陈述，例如：如果某个孩子的行为是“打其他孩子”，“我”的陈述可能是“我发现坐在地毯上很困难”或“我想玩”。这些陈述被整理后，将会用于家长与特殊教育需求协调员的会议，作为为孩子设定 SMARTC 目标的依据。

## 实用小贴士

- 尽早让家长参与进来，在他们的支持下设定的目标可能会更有效。
- 确保你为孩子们制定的是 SMARTC 目标——具体的、可衡量的、可达成的、务实的、有时间限制的且具有挑战性的。
- 确保建立奖励制度，以鼓励孩子们坚持完成目标。
- 请重点关注目标是否对孩子有效，在此基础上培养他们管理自己行为的技能。
- 为计划外的情况制定一套方案。确保有快速干预和解决问题的策略，因为当出现问题时，帮助孩子找到出路非常重要。

- 将“我能”作为每个目标的开头，以此激励孩子，例如“我能对朋友友善”。

## 使用该策略的优势

- 便于记录孩子的进步。
- 家长可以参与管理孩子的行为。
- 与特殊教育需求协调员的合作提供了支持孩子的额外视角。
- 如果孩子需要外部机构的支持，该计划可以提供（学校/机构）已采取了相关措施的证据。
- 孩子们能够分享自己表现出这种行为的原因。

## 调整建议

（1）如果你觉得孩子已经不再需要多重计划来支持其行为管理了，那么可以设计一份更简单的计划供日常使用。

（2）为了让孩子记住目标，为什么不给他们一份副本以供参考呢？如果孩子不识字，那么你可以提供图片。每天，你都可以花一点时间，提醒孩子利用副本回顾自己的目标。

## 思考

（1）你觉得自己会制定 SMARTC 目标吗？尝试为在他人作品上乱涂乱画的孩子制定一个 SMARTC 目标。

（2）你会为一个孩子制定多少个目标？

**资源链接**

策略 42　SMARTC 目标板
策略 37　家长参与

# 策略 49 证书

案例

每周，“阳光微笑幼儿园”的孩子们都会热切地期盼教师揭晓“良好选择”证书的获得者。每周五，家长们在接孩子时，会被邀请参与证书颁发仪式。斯图尔特老师在周初会向孩子们说明，要想获得证书，他们本周应表现出哪些行为，比如乐于分享、有耐心和关怀他人，这些行为基于上一周幼儿园里的亮点行为来确定。孩子们若能表现出这些行为，便有机会获得证书。斯图尔特老师通过讲述与期望行为相关的故事来强调每周的重点关注行为。孩子们一旦表现出这些重点关注行为，教师便会摇铃表扬，以强化这种积极行为。

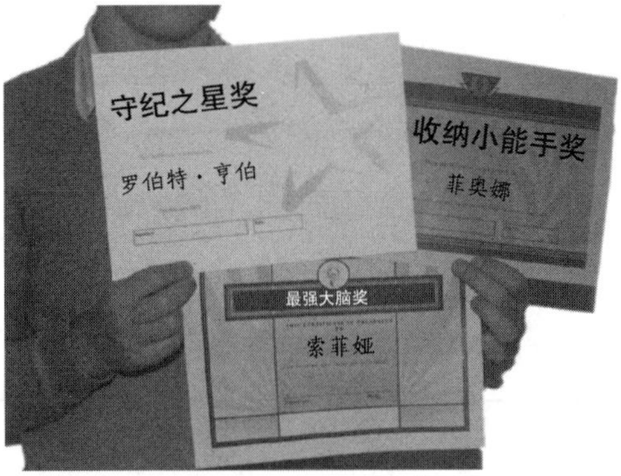


## 实用小贴士

- 鼓励其他孩子赞扬获得证书的同伴，留意并表扬那些为获奖者鼓掌和表示祝贺的孩子。
- 将塑封过的证书挂在墙上，以便获得奖励的孩子在接下来的一周里都能得到认可。

- 让获得证书的孩子担任专家角色，让他们成为“良好选择帮手”，支持教育场所内的其他孩子做出好的行为选择。
- 鼓励孩子们参与颁奖过程——你甚至可以让孩子们颁发证书。
- 证书适用于各种情况，可以有效地支持班级里的行为管理——请大胆发挥创意。
- 确保证书既丰富多样，又与孩子们的兴趣或年龄相契合。

## 使用该策略的优势

- 孩子们会得到一些可以保留的物品，帮助他们记住自己曾做过的良好选择。
- 孩子们能够与父母分享他们的成功。
- 不要只颁发证书给那些出色地完成了任务的孩子，也可以将证书颁发给表现出理智、善良或体贴行为的孩子。
- 证书为孩子们创造了一个获得集体赞扬和认可的机会。

## 调整建议

（1）年龄较大的孩子同样会喜欢证书，但需要让证书更符合他们的年龄特点，例如，可以设计由名人签名的证书。

（2）让孩子们提名他们认为值得获得证书的人。为了避免孩子们只选自己的朋友，可以请他们解释提名的理由。这也有助于培养他们的口语表达和倾听能力。

## 思考

（1）在集会中，你认为何时是颁发证书的最佳时机？

（2）你会让谁来颁发证书？

（3）你打算多久颁发一次证书？

**资源链接**

策略90　个体奖励方案

策略84　本周之星

# 策略 50 暖心萌宝

## 说明

这是一项非常棒的策略，因为它让孩子们参与到互相奖励的过程中。“暖心萌宝”是一个眼睛可以转动的小角色，教师可以用多种材料（比如毛绒球、乒乓球、网球、橡皮筋球，或者其他尺寸合适的物品）来制作它。

孩子们是这个策略的主导者，具体的操作细节则由教师来决定。教师可以安排一个孩子在为期一周的时间里，每天负责发放“暖心萌宝”，或者让前一天收到“暖心萌宝”的孩子来颁发当天的奖励。

“暖心萌宝”会奖励给那些为他人做了好事、表现出善良或良好行为的模范孩子。这是一种让孩子们互相发现优点，并用小奖励表达感谢、鼓励良好行为的方式。

## 实用小贴士

- 让孩子们在自由活动时间帮助你制作“暖心萌宝”。
- 可以让孩子们决定每天颁发“暖心萌宝”时要关注的具体行为。
- 提前询问孩子们要选择的人和原因，以确保他们不会只选择自己的朋友。
- 可以根据季节将“暖心萌宝”设计成不同的样式。这样，如果孩子拥有多个“暖心萌宝”，它们看起来就会各有特色！
- 让收到“暖心萌宝”的孩子带一张便条回家，这样家长就会知道他们的良好表现了。

## 使用该策略的优势

- 孩子们是这一策略的“小主人”。
- 这不仅让获得“暖心萌宝”的孩子兴奋不已，也让颁发“暖心萌宝”的孩子收获颇丰。
- 孩子们可以保留一个小奖励，作为对他们良好行为的认可。
- 这一策略强化了孩子们积极的行为。
- 孩子们可以参与“暖心萌宝”的制作，这使得它们更具意义。

## 调整建议

（1）你可以将这一策略用于年龄较大的孩子，但要结合他们的兴趣。例如，你可以简单制作印有名人或足球运动员图案的钥匙扣。

（2）尝试将“暖心萌宝”作为集体活动中公开的奖励，以此来转化问题行为并强化良好的行为。邀请午间督导员参与进来，这为他们提供了一个促进正面行为的工具。

（3）制作更大的“暖心萌宝”，并在集会时颁发，作为最高级别的奖励！

## 思考

（1）在你的班级里，你会用“暖心萌宝”来奖励哪些行为？

（2）你会把“暖心萌宝”存放在哪里？你会为它们制作一个家吗？

**资源链接**

策略 34　同伴调解员
策略 33　午间督导员
策略 89　了不起的泰迪熊

# 第六章

# 行为管理系统和方法

# 策略 51 常规

## 说明

在班级里，常规对每个人都非常重要。它们为儿童和成人设定了期望，确保班级的各项活动都能够顺利高效地运行。

不同的班级、不同年龄段的孩子的常规可能会有所不同，具体包括以下内容：

- 晨间和一日活动结束时的常规
- 点心时间
- 特别小助手时间
- 点名
- 餐前洗手
- 活动前的导入环节
- 整理收纳
- 如厕
- 大肌肉运动

## 实用小贴士

- 在学年初建立常规，以便儿童尽快适应。
- 让儿童参与日常活动，请他们承担一些支持和维护常规的角色与任务。例如，在幼儿园里，让孩子负责分发牛奶和点心，或者在班级里让孩子负责点名。

- 鼓励儿童决定需要哪些常规，必要时给予提示。
- 在教育场所中使用标签和图表，帮助儿童遵循常规。
- 确保儿童清楚常规的重要性。
- 应循序渐进地引入常规，不要一次性介绍太多。
- 设立角色扮演区，鼓励儿童通过游戏习得常规。

## 使用该策略的优势

- 儿童明白每天应该做什么。
- 日常安排的一致性可以让一些儿童感到安心。
- 儿童参与常规活动的次数越多，他们在执行常规时就会越快、越自如。
- 有强迫性需求的儿童，例如孤独症儿童，通常能很好地适应常规。
- 常规有助于活动之间的顺利过渡。

## 调整建议

（1）在有特殊教育需求的环境中，可以多利用视觉、听觉和动觉提示来支持儿童的日常活动，比如用图文时间表和歌曲来引导他们。

（2）尽可能让年龄较大的儿童参与到课堂的常规中，鼓励他们发起并管理这些流程。

## 思考

（1）你所在的幼儿园里还缺少哪些常规？你会如何引入这些常规？

（2）你是否有办法观察你的同事，了解他们所采用的常规，以便你制定自己的常规？

**资源链接**

策略 97 排队奖励
策略 10 特别小助手
策略 94 特殊待遇

# 策略 52 户外区域

海伦·威尔逊

## 说明

户外区域对儿童的行为与社交能力的发展有着至关重要的影响。如果幼儿园合理地规划和管理户外环境，那么儿童就可以在户外将充沛的精力转化为积极的游戏行为。儿童应该拥有常去户外游戏的机会。户外活动能够为儿童提供刺激，带来快乐，是儿童身体、智力和社会情感发展的重要途径。它是儿童日常生活活动中不可或缺的一部分。儿童待在户外的时间应与待在室内的时间一样多!

## 实用小贴士

- 让儿童自己规划户外活动。
- 确保所有成人了解或认识到户外区域的重要性。
- 将户外区域打造成一个动态、多功能且可灵活利用的空间，让孩子们能够自主选择、创造和计划活动。
- 利用真实的体验和自然环境中的材料（如水、栗子、树叶、土壤、树枝、松果和木头）创建一个儿童“无法抗拒”的刺激资源库，用于户外区域。
- 在确保儿童安全和提供必要保护的前提下，允许儿童设计一些具有一定的风险和挑战的活动，比如搭建一个秘密基地。
- 如果户外空间有限或需要多个群体共享，那么教师可以利用当地的公园或其他户外区域。

## 使用该策略的优势

- 户外环境是开放的，充满了探索的机会，能够促进儿童各个学习领域的发展。
- 允许儿童调动所有感官进行学习。
- 这是一个儿童可以喧闹、大幅度运动和弄脏的环境。
- 户外环境为语言读写能力的培养提供了绝佳的机会，尤其是对于男孩来说。
- 儿童在户外活动中能够发展社交技能，从而更有效地管理自己的行为和对他人的态度。

## 调整建议

（1）为那些不愿意参与自由游戏和吵闹游戏的孩子提供“安静”和“隐秘”的空间。

（2）在有限的空间内，引入自然材料（如原木或木屑）以营造更自然的环境。

## 思考

（1）你和你的团队都乐于享受户外环境吗？

（2）你和你的团队是否有足够且适当的机会、资源来提升户外区域的质量？

（3）你和你的团队会积极参与孩子们的户外活动吗？

**资源链接**

策略 31　助教
策略 33　午间督导员
策略 37　家长参与

# 策略 53 角色扮演

## 说明

角色扮演是一种有效的行为管理方式——它帮助儿童调整自己的行为表现，鼓励儿童用道具参与角色扮演游戏，与精心布置的角色扮演区互动。这样，他们在玩游戏的过程中，就可以探索与环境中某些特定行为问题相关的场景。

精心设计角色扮演区，尽量使其与孩子们熟悉的经历相关联。如此，孩子们就能进行有效的互动，并通过游戏和向他人学习，以扩展对情境的理解。

参与角色扮演游戏可以让孩子们在远离“现实生活”的情况下做出行为决策，从而能够对他人的反应做出回应并相应地调整自己的行为。

## 实用小贴士

- 将角色扮演作为集体活动或个人、社会、健康和公民教育活动的开场或结尾环节。在地毯上放置一些与主题相关的资源，鼓励儿童在设定的情境中互动。
- 若发生重大行为事件，应灵活地调整计划，不要害怕放弃一节课或一项活动，可以暂停或放弃原有的课程或活动，通过角色扮演与儿童一起解决问题。

- 如果儿童自主选择进入角色扮演区互动，可以让他们自主展开对话，但有时成人也需要参与，这有助于深化讨论。
- 允许儿童根据自己的意愿选择是否进入角色扮演区，这一点非常关键。但是，你也应该考虑到空间可能有限这一问题。可以准备五张“通行证”，只有佩戴通行证的儿童才能进入，以此确保该区域不会过于拥挤。

## 使用该策略的优势

- 这一策略鼓励儿童与他人一起玩耍，有助于培养他们的口语表达和倾听能力。
- 它通过提供分析和解决问题的机会，激发孩子们的批判性思维。
- 角色扮演让孩子们在体验中学习。
- 孩子们可以与同伴交流知识。
- 这很有趣！孩子们在探索和想象中度过了美好的时光。
- 孩子们天生喜欢角色扮演。

## 调整建议

对于年龄较大的孩子，可以鼓励他们更加独立地进行角色扮演。鉴于这些孩子通常不太愿意在角色扮演区游戏，可以采用结构化的方式引导他们参与角色扮演游戏。我们需要为孩子们提供一个场景和一些与行为主题相关的道具或衣服。我们可以请孩子们合作向其他人展示一段简短的戏剧表演，也可以通过表演引发儿童的讨论或辩论。

## 思考

（1）如果角色扮演区的主题是“关爱他人”，你会放置哪些物品？

（2）你认为角色扮演区应该多久更新一次？

**资源链接**

策略 55　骑士学校
策略 13　帽子
策略 11　面具

# 策略 54　音乐活动

海伦·威尔逊

## 说明

创作音乐就像走路和说话一样，是一项基本的生活技能。从很小的时候起，孩子们就通过游戏了解到，物体和自己的身体可以发出各种各样令人兴奋的声音。音乐创作是一种非常重要的行为管理策略，因为某些类型的音乐可以安抚或刺激孩子。音乐、节奏和韵律与儿童的语言和早期读写能力的发展密切相关。这里所说的音乐活动是指孩子们在结构更严谨、目标更明确的音乐课之外，自由探索音乐创作和选择音乐的过程。

## 实用小贴士

- 收集各种资源，包括乐器和“敲击物”，并定期为儿童提供机会，让他们在室内外探索声音并创作音乐。
- 提供多种音乐和带耳机的音乐播放器，让孩子们有机会接触不同风格的音乐。
- 在活动中将流行歌曲书和故事书结合使用，让孩子们接触音乐和文学中的不同符号。
- 在一天中的固定时段（如点心时间或午餐时间）播放音乐，以营造特定的氛围。

## 使用该策略的优势

- 音乐是儿童表达自我、展现个性的一个途径。
- 音乐能促进儿童发展创造力。
- 音乐和歌曲中的重复元素，对儿童的早期语言发展至关重要。各种动作 / 手势和其他道具都是支持儿童早期语言学习的绝佳工具。
- 为课程的某一特定环节选择的音乐，可以作为对积极行为的奖励。

## 调整建议

（1）将音乐与课程主题（如动物、交通和季节）联系起来，可以增加儿童语言表达的机会。

（2）利用不同的音乐激发儿童在创意活动中的灵感，例如在爵士乐的伴奏下绘画。

（3）在开展特定的活动时播放特定的音乐，例如在整理时间或点心时间播放特定的音乐。

## 思考

（1）你在非结构化活动中使用音乐的频率是多少？

（2）你是否定期给予儿童机会，让他们担任“音乐制作人”？

（3）你是否意识到音乐对儿童发展的重要性？

**资源链接**

策略 17　音乐
策略 57　感官区域
策略 74　舞蹈

# 策略 55 骑士学校

## 说明

“骑士学校”是一种富有创意的策略，旨在帮助教师管理儿童的行为。“骑士学校”的理念很简单——通过让儿童参与相关活动，帮助他们学习道德、骑士精神和尊重他人，从而在他们养成不良习惯之前培养其成为好公民。这条策略以中世纪圆桌骑士所坚持的原则为基础，能够帮助儿童建立自信，并学会尊重自己和他人。通过个人和小组活动，孩子们努力做到整洁、干净、诚实、勤奋、有团队精神以及礼貌待人。“骑士学校”的课程通常持续约八周，并在校外进行。然而，许多教师已经开始在他们的班级里应用“骑士学校”的原则和实践方法，并且取得了积极的效果。

## 实用小贴士

- 男孩们对“骑士学校”的反应尤为积极，主要是因为他们可以尝试模仿“身披盔甲的骑士”这一形象。
- “骑士学校”这一策略原本是为 7—8 岁及以上的孩子设计的，但其部分原则和实践方法可以调整，从而融入面向更小年龄段孩子的课程之中。
- 鼓励女孩参加“骑士学校”完全没有问题——该策略提倡的行为对男孩和女孩都是适用的。

## 使用该策略的优势

- “骑士学校”有助于培育尊重他人、服从、温柔、具有骑士精神、讲礼貌等我们希望儿童具备的品质。
- “骑士学校”有助于让那些对历史了解甚少的儿童“亲身体验”历史。
- “骑士学校”是一种非常具有激励性和互动性的策略，能够让孩子们通过实际体验和情境了解积极行为的重要性。

## 调整建议

（1）对女孩来说，可以将“骑士学校”改为“女骑士学校”。

（2）根据孩子们的年龄和能力，“骑士学校”可以是每天 10 分钟的活动，也可以是每周一次的课程。

（3）“骑士学校”既适用于小组孩子的教育教学，也可以面向教育环境中的全员。

## 思考

（1）孩子们可以在“骑士学校”的课程中获得哪些方面的成长？

（2）你希望通过“骑士学校”培养孩子们的哪些行为？

（3）你认为在使用“骑士学校”这一策略时，会涉及资源方面的问题吗？

**资源链接**

策略 53　角色扮演
策略 11　面具

# 策略 56　管理愤怒

## 案例

凯蒂是一个二年级的孩子，她的脾气非常暴躁。一天，她所在小组中的一个孩子正在为他们共同完成的作品画插图。凯蒂却告诉他，他画的图不够好，应该擦掉并停下来。那名同学表示，这同样也是她的作品，她如果愿意，有权在图上添加任何内容。凯蒂把同学从作品前拉开，用手指着他的脸，大喊大叫并挥舞拳头。这时，凯蒂的老师菲尔比，指导凯蒂深呼吸三次，并让她走到教室后面的“愤怒抽屉”那里。在此之前，凯蒂和她的老师曾商议了一个应对计划，以防她控制不住自己的情绪。愤怒抽屉里有一个枕头、一罐橡皮泥、蜡笔和纸。当凯蒂感到需要发泄情绪时，她会去那个抽屉前，击打枕头和尖叫，拉扯橡皮泥，用蜡笔随意涂鸦。这样，凯蒂就能在一个安全的环境下发泄愤怒。另外，当时机恰当时，她还能在不失控的情况下与菲尔比老师讨论所发生的事情。在这一过程中，凯蒂学会了如何与教师沟通并处理自己的行为，同时也掌握了在可能发生冲突的情况下轻松抽身的技巧。

## 实用小贴士

- 如果你有一个难以管理自己行为的孩子，请确保在他冷静、理智的时候制订行动计划。
- 不同的策略适用于不同的孩子。你可能会发现，有些孩子通过独处来恢复冷静，有些孩子需要陪伴。
- 在选择安抚方法时，应考虑孩子们的想法，他们的参与至关重要。如果孩子们无法参与活动或策略的制定，那么它们就不太可能奏效或者无法被使用。
- 确保儿童每次使用“愤怒区域”后都有一次讨论——反思行为并探讨如何避免同样的情况再次发生非常重要。
- 确保“愤怒区域”对儿童来说是温馨的。

## 使用该策略的优势

- 可以轻松地避免潜在的情绪爆发情况。
- 孩子会感到自己的需求得到了认可，并且有人倾听他们的声音。
- 孩子可以学习自我行为管理。
- 家长在家里也能轻松地实施该策略。设立这样的一个区域既经济又实用，还可以帮助家长应对棘手的儿童管理问题。

## 调整建议

（1）对于年龄较大的孩子，可以给他们一张“逃离卡”。当感觉自己的情绪失控时，他们就可以在情况升级之前离开教室了。

（2）年龄较小的孩子可能还没有足够的能力去识别何时需要离开某个场合。对于那些容易表现出强烈的愤怒情绪的孩子，可以设计一个行为清单，以判断是否需要引导他们去一个安静的地方冷静下来。

## 思考

（1）你会采取哪些行动来帮助班级里的孩子管理愤怒的情绪？

（2）你可以在哪里设置一个区域，让教育场所中所有的孩子都冷静下来？

**资源链接**

策略 57　感官区域

# 策略 57 感官区域

## 说明

儿童需要通过感官刺激来保持对学习的专注和投入；如果缺乏这种刺激，儿童可能会出现不当行为。感官区域不仅可以满足儿童对感官刺激的需求，还能为他们提供一个放松、休息、反思和获得内心平静的空间。感官区域可以以多种形式呈现，包含大量不同规格的感官材料。这个区域可以作为教学资源，支持儿童的感官发展以及对质地的理解；它还可以帮助儿童形成“敬畏感和好奇心”，同时也是一个让儿童能够控制情绪、反思自身行为对自己和他人的影响的场所。

## 实用小贴士

- 感官区域应全天向孩子们开放，以便他们能够将其作为日常学习和游戏体验的一部分。
- 感官材料应具备刺激儿童触觉和听觉的效果，并在重量、质地和温度上有所不同。
- 这个区域的物品还应考虑到孩子们的嗅觉和味觉体验。
- 鼓励受挫的孩子操作可塑的感官材料。
- 对于情绪不稳定的孩子，请为他们提供能带来舒适感和连接感的材料。

### 使用该策略的优势

- 感官区域有助于提升孩子的幸福感。
- 感官区域支持孩子发展积极的行为，如探索、调查、社交以及动手操作。
- 感官区域为孩子提供了一种轻松的氛围。在感官区域，一些孩子可以自如地与教师以及同伴谈论行为事件和问题。

### 调整建议

（1）感官区域可以被设置为感官角、感官池、感官花园、感官小屋和感官游戏区等多种形式。在开发感官区域时，请考虑你所接触的孩子的年龄和需求。

（2）感官区域中的资源数量取决于资金和空间——需要注意的是，太丰富的感官资源可能会过度刺激孩子，从而导致他们表现出不良行为。

### 思考

（1）在你的教育场所中，哪里可以被设置成感官区域？

（2）如果空间和资金有限，你是否可以考虑为孩子们创建一个感官材料展示区或桌面游戏区（作为替代方案）？

资源链接

策略 17 音乐

策略 15 图片和海报

# 策略 58 按摩

## 说明

按摩作为一种帮助儿童管理行为的方法，越来越多地被教师使用。它可以减轻儿童的压力水平，管理攻击性倾向，降低欺凌事件的发生率。其理念是，按摩由同伴（“儿童对儿童”）而非教师进行。在征得对方同意的情况下，孩子们可以互相按摩头部、手臂、背部和手。按摩时间可以在一天中的任何时候，以帮助孩子们平静下来，提高他们的动作技能，并增强其专注力 / 自尊心。这是一种极好的策略，孩子们也可以在家里与家长一起使用，以建立充满关爱和亲近的关系。

## 实用小贴士

- 在你尝试使用按摩这一策略之前，最好先与校长或管理者讨论一下。
- 这是一个适合 4 岁及以上儿童的好策略。
- 对儿童进行按摩可以缓解许多行为问题，从而使下午的教学或与儿童的互动变得更加轻松。
- 注意，只有当你接受过适当培训，确保儿童能以正确的方式互相按摩时，才能使用此策略。
- 如果儿童感到不舒服，不要强迫他们参与。

## 使用该策略的优势

- 按摩对儿童及其行为有镇静效果。
- 按摩有助于儿童与同伴建立关系。

- 按摩可以帮助儿童了解适当触摸和尊重他人的重要性。
- 给予和接受按摩服务有助于儿童掌握基本的轮流技能。

## 调整建议

（1）在一些环境中，允许孩子们使用硬海绵球来互相按摩，而不是直接用手接触。

（2）在一些活动中，可鼓励年龄稍大的孩子在午餐前互相在手上涂抹免洗洗手液，以防止细菌感染。

（3）如果有孩子不想与同伴直接接触，那么可以使用适合儿童的按摩工具。

## 思考

（1）你所教的孩子会对这种按摩有积极的反应吗？为什么？

（2）是否需要在整个幼儿园里推行按摩？还是只在你的教学区域实施就可以了？为什么？

**资源链接**

策略 57　感官区域
策略 82　安抚抱枕

# 策略 59 关爱小组

**案例**

佐伊的家庭生活非常艰难。她的母亲最近因丈夫的暴脾气而与其分居，她和母亲因此搬进了一家收容所。佐伊变得孤僻，并在教室里表现出了一些令人担忧的行为。

她的朋友开始减少与她互动，教师对此感到担忧。在征得佐伊母亲的同意后，大家决定让佐伊参加关爱小组活动，以帮助她改善情况。

在获得“被关爱”的体验后，佐伊逐渐安心和放松下来。她对小组领导产生了信任，变得更加自信，并开始向他们讲述自己的经历、担忧和感受。小组领导重视她的这些经历，并利用他们的知识来改善佐伊在课堂上表现出的行为。在花时间了解佐伊之后，关爱小组的领导们尽其所能地支持她度过了人生中这段艰难的时期。

## 实用小贴士

- 确保儿童在关爱小组活动期间有机会交谈（如果他们愿意）。创建一个远离其他孩子的安静区域。
- 小组人数要少。如果人数过多，小组中的孩子可能无法受到足够的关注。

- 如果儿童不愿意分享，请不要强迫他们。
- 确保关爱小组的活动平静且有意义，以便孩子们能够顺利地融入。
- 为儿童提供与其在家庭中的经历相关的小故事或视频，以帮助他们打开心扉，开启讨论。
- 在关爱小组中始终安排至少两名成人，以确保儿童在需要时可以随时倾诉。

## 使用该策略的优势

- 参加关爱小组的儿童会得到自己在家里可能无法获得的关注。
- 儿童拥有空间，可以按照自己的节奏来处理和管理自己的行为。
- 教师能够与关爱小组的领导们合作，为儿童提供支持。
- 儿童能够掌握技能，学会如何在日常环境中有效地管理自己的行为。

## 调整建议

允许参加关爱小组的儿童参与小组会议。这些儿童对家里发生的事情几乎没有发言权或控制权。让他们参与会议可以创造一种归属感和控制感，让儿童感觉更舒服。

## 思考

（1）你认为哪些孩子应该优先参加关爱小组的活动？你的判断依据是什么？

（2）你会采取什么措施来帮助班里那些可以从关爱小组活动中受益但并未被优先考虑的孩子？

资源链接

策略 56 管理愤怒

策略 57 感官区域

# 策略 60 晨间 / 课后托管班

海伦·威尔逊

## 说明

晨间 / 课后托管班旨在为学龄前儿童提供一个安全、充满关爱的环境，在儿童上学前和放学后提供一系列气氛活跃、有助于放松的活动。这些托管机构承担对儿童的监护责任，因此必须在照护委员会（监管机构）注册，所有工作人员都应通过警方审查。晨间托管班的开放时间通常为早上 7:30 到 8:00，以便为儿童提供上学前的托管服务，通常包括为儿童提供早餐。课后托管班的服务时间通常从学校放学持续到下午 5:30 或 6:00。大多数托管班由志愿组织运营，采用家长管理或咨询小组的形式，但越来越多的托管班正在转为社区企业的形式。这类托管班设在各种场所，包括学校、社区中心和幼儿园。

## 实用小贴士

- 了解儿童所在的托管班、负责早送晚接的工作人员及其提供的活动，这有助于明晰他们对儿童的行为要求和期望，进而与其设定一致的行为标准。
- 邀请托管班的工作人员参加学校活动，与他们建立联系，并向被他们照护的儿童表明——你关注他们学习和成长的各个方面。

- 请托管班的工作人员参与制定儿童在不同的教育环境中应该遵守的统一规则。

### 使用该策略的优势

- 提供了一系列与学校课程不同但互补的活动和游乐设备。
- 这些机构为儿童提供了与同龄人玩耍和社交的机会。
- 为家长提供了支持，使他们能够安心工作、有受教育或参加培训的机会。
- 家长知道他们的孩子会得到很好的照顾。

### 调整建议

（1）设立儿童午间和课间托管班，让孩子们在工作人员的支持下照顾好自己。

（2）关注那些专注于某一特定运动或学科的课后托管班，如舞蹈班或体操班。

（3）可以了解当地提供小规模“上学前服务”的邻居或家庭。

### 思考

（1）你多久与为你的学生提供晨间 / 课后服务的工作人员联系一次？

（2）你是否邀请过这些工作人员参加学校的活动？

**资源链接**

策略 77　饮食

策略 35　学校委员会

策略 36　高级管理团队

# 第七章

# “定时”管理策略

# 策略 61 黄金时间

## 说明

“黄金时间”是给予孩子们的一段时间，旨在激发孩子们的良好行为和团队合作。它是一种被广泛使用的教育方法，通常被安排在星期五。孩子们通过共同努力来争取黄金时间，并且有权决定如何使用该时段。因此，很多教师认为，这是一种积极的策略。此外，它还是一种非常有效的管理工具，因为孩子们知道他们可以掌握黄金时间的长短以及在这段时间内做什么。一些幼儿园通过积分或代币系统设定固定的时间段，而另一些幼儿园允许孩子们在一周内通过良好的行为赚取分钟数，从而调整黄金时间的长度。

## 实用小贴士

- 尽量不要通过取消黄金时间来惩罚不良行为，相反，要把这个策略用于奖励。假如你在周一把取消黄金时间作为惩罚，那么四天后，到周五时，孩子们仍然在承受惩罚，但他们可能已经忘记了受罚的原因。
- 让儿童为全班同学赢得黄金时间可以有效促进人际关系建设。如果某个孩子非常友善或出色地完成了任务，你可以宣布他为全班同学赢得了 1 分钟的黄金时间或 1 个积分。
- 儿童可以通过积累分钟数或收集一定数量的积分来获得黄金时间。
- 为儿童提供一些选择，并与他们一起决定黄金时间的活动内容，但不要替他们做主。

## 使用该策略的优势

- 孩子们需要共同努力才能获得奖励，所以这是建立班级关系和信任的好方法。
- 家长可以在家里采用类似的奖励机制与孩子互动。
- 对孩子们来说，这是一段令人兴奋的时光，同时也是你了解孩子并与之互动的好机会。
- 黄金时间是一种适用于所有年龄段和不同需求的儿童的策略。

## 调整建议

（1）孩子们可以以班级、年级或全校为单位共同努力，争取黄金时间。

（2）小学高年级（7—11岁）的孩子也喜欢黄金时间。或许可以重新命名黄金时间，使其更符合这些孩子的“成熟感”，并建议他们提前规划，选择自己喜欢的活动。

（3）你可以为少数表现尤为突出的孩子安排特别的黄金时间，例如参观公园、烹饪，或者与园长共进下午茶等。

## 思考

（1）你认为从孩子那里扣除黄金时间的分钟数是否合适？

（2）在黄金时间里，你会为孩子们安排哪些活动？列出一份清单，供他们选择。

**资源链接**

策略91 与园长共进下午茶
策略64 一对一时间

# 策略 62　圆圈活动

## 说明

圆圈活动在营造支持性和合作性的课堂氛围方面非常有效。通过定期开展圆圈活动，孩子们学会了尊重同伴，并掌握了处理挑战性情境的技能。这一活动可在课堂事件发生后启动，或者作为一系列提前规划好的学习和游戏体验的组成部分。

**案例**

莫蒂默老师注意到，一周以来，班上的一个孩子被其他孩子排斥。她决定通过圆圈活动来解决这个问题，鼓励孩子们学会共情。当天，她调整了日程，开展了一次以“欺凌”为主题的圆圈活动。第二天，当发现这个孩子再次被排斥时，莫蒂默老师询问了孩子们对前一天活动的看法。这次讨论使得孩子们将问题置于情境中，帮助他们意识到了自己在类似情况下的感受，从而促使他们接纳了被排斥的孩子。

## 实用小贴士

- 玩一些鼓励团队合作的游戏——团队游戏能培养孩子们在其他活动中协作的能力，而协作的过程可进一步增强孩子们对他人的关注和理解。
- 准备一个文件夹，以便在开展圆圈活动时添加想法和游戏；将这些想法按主题分类，你就能建立一个可以随时使用的资源库。

- 准备一个物品让儿童传递。物品传到谁手中，就由谁发言。
- 允许儿童分享想法，但请记住，儿童很难长时间专心地倾听。

## 使用该策略的优势

- 这一策略是鼓励儿童尊重他人和进行预防性行为管理的绝佳工具。
- 对孩子们来说，圆圈活动是非常有趣的，因为他们可以通过游戏和互动来学习。
- 这是你了解孩子们及其想法和观点的好时机。
- 圆圈活动鼓励孩子们轮流发言并倾听他人。

## 调整建议

（1）在个别化学习环境中的孩子可能更适合小规模的圆圈活动小组。通过限制人数，孩子们在游戏中的等待时间得以减少，同时也能更专注于他人给出的回应。

（2）年龄较大的孩子可能会觉得圆圈活动有点乏味。可以让孩子主导活动，并决定讨论的主题。赋予孩子主导权可以使活动更贴近他们的兴趣和个人经历。

## 思考

（1）如果教室空间有限，那么你可以带儿童到哪里进行圆圈活动？

（2）你会如何通过圆圈活动处理敏感话题（如丧亲之痛）？

**资源链接**

策略 63 冒泡时间

策略 55 骑士学校

# 策略 63 冒泡时间

## 说明

冒泡时间（或者我们喜欢称之为“聊天时间”）是詹妮·莫斯利（Jenny Mosley）设计的一种方法，允许孩子申请与成人进行一对一的交流。教育场所中的每个孩子的名字都被印在一个“泡泡”（一张圆形的卡片）上，卡片背面有一个夹子。如果孩子想进行交谈，他们可以取下自己的名字“泡泡”，并将其夹在班级墙上的“大泡泡”的边缘，以此向教师表明有人想申请个别交流。在活动期间，待时机合适，教师会取下孩子的名字“泡泡”，并与其单独交谈，以帮助他们解决任何个人问题（涉及他人的行为问题）。

## 实用小贴士

- 向孩子们解释“大泡泡”的运作方式。例如，让孩子们将“大泡泡”想象成一个时钟，如果一个孩子将自己的名字“泡泡”放在数字 1 的位置，这意味着教师会先与这个孩子交谈。如果另一个孩子也想把他的名字“泡泡”放在“大泡泡”上，则必须把它放在第一个名字“泡泡”旁边，这意味着教师会第二个与他交谈。
- 确保孩子们明白，冒泡时间的目的是帮助他们解决可能与他人行为有关的个人问题，例如在学校被欺凌或在操场上被好斗的同伴伤害，而学习上的问题应该在课堂时间内解决。

## 使用该策略的优势

- 冒泡时间为孩子们提供了一个安全的环境和合适的时机，让他们通过语言表达自己的想法和感受，这有助于减少课堂上的行为问题。
- 孩子们很快就会知道，他们应该利用冒泡时间与教师讨论哪些内容。
- 教师通常非常忙碌，有时很难抽出时间真正倾听孩子的心声——冒泡时间为此提供了便利。

## 调整建议

（1）对于年龄较小的孩子，冒泡时间可以用于谈论孩子们感兴趣的话题，例如午餐吃了什么或者他们的朋友是谁。如果不允许儿童说话，他们可能会感到非常沮丧，从而产生行为问题。

（2）如果午间督导员希望在午餐时间为年龄较大的孩子安排冒泡时间，那么教室和操场都是可以选择的场所。

## 思考

（1）如果你在一所大型幼儿园工作，你认为冒泡时间对孩子们有用吗？为什么？

（2）如果你还没有安排过冒泡时间，你如何确保有时间与孩子们进行一对一的交流？

**资源链接**

策略 62 圆圈活动
策略 64 一对一时间

# 策略 64 一对一时间

**案例**

杰玛来自一个大家庭，家庭生活不太和谐。她发现自己很难与同伴交往，也几乎交不到朋友。杰玛有抢别人的东西和在操场上伤害其他孩子的倾向。为了鼓励她做出正确的选择，教师决定，如果她能够在一个活动中不出现任何行为问题，就奖励她与自己选择的教师进行 10 分钟的一对一谈话。杰玛家里人口多，平时大人很少关注她。这次一对一谈话，让她成了焦点，她不用像以前那样靠捣乱来吸引注意了。这一策略非常成功，最终杰玛被邀请带一名朋友一起与教师聊天。教师以此为契机，帮助她提升了社交技能，并建立了人际关系。

## 实用小贴士

- 改正不良的行为不是获得一对一时间的唯一途径；这一策略同样适用于那些大多数时候都表现良好的孩子，以鼓励他们保持积极行为。
- 请孩子们决定他们在一对一时间里想做什么，这样他们就会喜欢并期待这段时间。
- 如果孩子们难以决定在一对一时间里做什么，那么可以为他们提供多种选择。以下是一些想法：玩纸牌游戏、变魔术、看书、玩棋盘游戏、画画，或者只是聊天！
- 确保在远离其他孩子的安静场所进行一对一的谈话，这样既能保证谈话的私密性，又不会受到打扰。

- 在某些时候，孩子也许想与不同的成人度过一对一的时间——尽可能地满足这一需求。

## 使用该策略的优势

- 这一策略非常有效，因为孩子们会认识到拥有你的专属时间是多么特别。
- 家长可以很轻松地将这种策略应用于家庭，甚至可以安排一次外出活动，让孩子与父母一方或双方共度时光。
- 该策略相对容易实施，对孩子们来说是一种极好的激励。
- 如果你允许孩子邀请朋友，那么他们就能够分享自己的成就。

## 调整建议

（1）年龄较大的孩子可能不想与教师共度时间，你可以为他们提供与高年级学生相处的机会。例如，邀请比他们高一个年级的学生与其共度时光。让孩子们决定与谁共度这段特别的时光，但要记得与高年级学生的老师商量。

（2）请孩子们自行选择他们想要合作的伙伴。

## 思考

（1）你如何确保这一策略在你的环境中有效并持续产生影响？

（2）如果已经安排好了和某个孩子的一对一时间，但你缺席了，你会怎么做？

**资源链接**

策略 34　同伴调解员
策略 63　冒泡时间

# 策略 65 集会

## 说明

在英国，对于那些在公立学校就读的儿童来说，参加每日集会是一项法律要求。这是一天中孩子们和教职工短暂地聚集在一起的集体活动时间。集会可以成为解决行为问题的有效方式，不仅针对班级中的孩子，还可以覆盖整个学校。教育工作者可以通过讲故事来教导孩子们诚实、礼貌、友爱、上进和尊重他人。有时，这些集会的主题可能更适合某个特定的关键阶段；这意味着教育工作者可以对集会进行差异化设计，以确保传达给孩子们的信息既适合他们的年龄又富有意义。

## 实用小贴士

- 利用集会应对学校中不时出现的问题或事件，涉及冲突、种族主义、欺凌，以及让新来的孩子感到受欢迎等。
- 为小学低年级孩子安排的集会应控制在 10~15 分钟——集会时间越长，孩子们就越容易变得焦躁不安、注意力不集中，从而降低“信息”的传达效果。
- 在集会期间，使用道具、音乐、舞蹈、角色扮演、问答、歌曲、视频片段、故事、图片、通信技术、幽默或服装来吸引孩子们保持注意力。

## 使用该策略的优势

- 集会是一种在较短时间内向许多孩子传达信息的有效方式。
- 当集会内容有趣且互动性强，而且“信息”清晰易懂时，孩子们会喜欢它并从中学习。

- 集会有助于教师以一种不"点名羞辱"个别学生的方式解决问题，同时可以促进全校共同应对行为问题。

## 调整建议

（1）集会不适合0—3岁的儿童。可以通过活动或故事时间来解决年幼孩子的行为问题。

（2）一些学校鼓励幼儿园和学前班的孩子参加学校的集会。在一年的时间里慢慢增加参加频率，让孩子们习惯每周参加一次集会；到夏季学期结束时，他们应该会做好在升入一年级后每天参加集会的准备。

（3）鼓励家长和照顾者参加集会，以使他们了解孩子的行为问题以及学校应对这些问题的方式。

## 思考

（1）你利用集会来应对学校中的行为问题的频率是怎样的？

（2）你是否邀请外部人员支持集会的开展？如果是，你会向他们提供哪些信息，以便其了解学校当前的"行为氛围"？

**资源链接**

策略40 社区警察
策略36 高级管理团队

# 策略 66 午餐时间

## 说明

午餐时间可能是孩子们的行为变得有挑战性的特定时段！有时，孩子们在餐厅和操场上会忘记应有的行为规范，这可能会给午间督导员、厨房工作人员、学校里的其他孩子，以及午餐结束后不得不处理这些问题的教师带来困扰。以下的“实用小贴士”提供了一些简单的策略，帮助你应对这段时间内常见的噪声、粗鲁、愚蠢、打架和其他不恰当的行为问题，供你选择和使用。

## 实用小贴士

- 提醒孩子们在游戏时间应表现出的行为，或许孩子们能说出你期望的行为。
- 在餐厅播放轻柔的音乐——如果午间督导员听不到音乐，那么就说明孩子们的声音太大了。
- 偶尔和孩子们共进午餐，以便你示范正确的坐姿、用餐和交谈方式。
- 鼓励午间督导员为午餐环节中表现良好的孩子颁发贴纸和印章。
- 与高级管理团队合作，监控孩子们在午餐时间的行为——是否有特定班级或儿童群体需要针对性的策略？

## 使用该策略的优势

- 在午餐时间投入的一点时间，会对你所负责的孩子以及教育场所中其他人的行为产生非常积极的影响。
- 午间督导员特别感谢你在儿童行为管理方面给他们提供的任

何支持；请记住，他们不像你一样是训练有素的教育工作者。

- 如果孩子们知道在午餐时间应如何表现，他们会更享受这段时光。

## 调整建议

（1）鼓励年龄较大的孩子担任“行为监督员”。在午餐时间，他们需要发现表现好的孩子，并指出行为不当的孩子。

（2）偶尔鼓励辅助人员与孩子们一起用餐，从而激发孩子们更积极的午餐行为。

（3）利用个人、社会和情感发展 / 圆圈活动 / 个人、社会、健康和公民教育的机会，与全组或全班讨论良好的午餐行为。

## 思考

（1）你与孩子们共同坐在餐厅里吃午餐的频率如何？如果他们知道你会和他们坐在一起，这会对其行为产生什么影响？

（2）你需要在午餐时间“瞄准”孩子们哪些特殊的行为，以解决这一时段的关键问题？

**资源链接**

策略 33　午间督导员

策略 62　圆圈活动

# 策略 67 大脑休息

## 说明

“大脑休息”是指一些简单的小活动，持续时间不到 1 分钟，旨在让儿童的大脑在课程中得到一点休息。长时间集中注意力对一些孩子来说可能会很累；大脑休息让孩子们从学习中暂时解脱，帮助他们保持专注，集中注意力，并在回到活动后重新充满活力。从伸展和摇晃身体部位到有意识地打哈欠，大脑休息可以让你和孩子们在教学和学习的压力中得到喘息，因而在学习活动中，孩子们的行为就会变得稳定或不具有破坏性。

## 实用小贴士

- 准备一张压膜塑封卡片，上面列出多种不同的大脑休息活动的详细信息，方便你在课程中随时挑选使用。
- 当孩子们熟悉了这些小活动后，鼓励个别孩子带领大家开展大脑休息活动。
- 有些孩子可能会认为这些活动有点“幼稚”，因此，关键是让他们通过你的解释和示范理解这些活动对学习的重要性。

## 使用该策略的优势

- 大脑休息可以改善教学场所中的学习、教学和行为表现。
- 孩子们喜欢大脑休息，因为它有助于将学习分解为易于管理的小模块。
- 小组 / 班级中的动觉学习者（通过动作学习的孩子）对大脑休息活动的反应极为积极。

## 调整建议

（1）大脑休息活动可以通过多种方式进行调整，具体取决于教师和孩子们想要做什么和表现什么。通过添加音效、常规动作和游戏来发挥创意，丰富你的大脑休息活动库！

（2）对于年龄较大的孩子，在长达 1 小时的课程中，可每隔 25~30 分钟让大脑休息一下，以帮助孩子们保持专注和活力。

## 思考

（1）你会对班级里的孩子运用哪些想法？

（2）在一天中的哪些时段，大脑休息活动会特别有用？为什么？

**资源链接**

策略 76 动起来，集中注意力
策略 75 体育活动

# 策略 68　期末 / 年终颁奖典礼

海伦·威尔逊

## 说明

学期末或年末的颁奖大会是全体师生聚在一起，共同庆祝各个年级的孩子取得成绩的时刻。每个班级由教师选出获得特定奖项（如出勤奖、专注力奖、体育成就奖——任何你喜欢的奖项！）的孩子，他们会在同龄人面前受到表彰。他们可以保留奖项，也可以在保留一学期或一年后将奖项传递给下一名获奖者。

## 实用小贴士

- 不要设置过多的奖项 / 奖杯，因为对于未获奖的孩子来说，颁奖过程会变得非常漫长和令人厌烦。
- 确保颁发的奖项是孩子们重视的！
- 务必定期回顾以往获奖的学生的名单。不要总是奖励相同的孩子，因为这可能会非常打击其他孩子的积极性。
- 设立一个奖项，其获奖要求是学生必须在一定时间内持续地展现特定的期望行为。
- 塑封证书价格低廉，却能长久地作为获奖的纪念品。
- 可以让上学期的获奖者来颁发奖项！

## 使用该策略的优势

- 这是一项非常简单但公开的庆祝活动，旨在表彰孩子的成就。
- 年龄较小的孩子可以受到年龄较大一些孩子的激励。
- 如果奖杯可以被重复使用，那么可以降低这项活动的成本。
- 通过这种方式，可以在整个教育环境中有效地强化我们期望孩子们展现的行为。

## 调整建议

（1）引导孩子们打造一个专属于他们班级的奖项。

（2）让孩子们通过投票选出获奖者，并将他们的投票与教职工的投票结合起来。这将使整个过程更加激动人心！

（3）设立一个“X”因素奖，以表彰孩子身上独特和非凡的品质。

（4）举办班级颁奖仪式，奖项与班级制定的行为目标相对应。

## 思考

（1）你如何认可和奖励那些在学校生活的各个方面都非常内敛的孩子？

（2）你上次审核奖项是什么时候？这些奖项对孩子们来说是否仍然具有吸引力和重要意义？

（3）谁来决定获奖者？谁是最适合颁发奖项的人？

**资源链接**

策略 49 证书

策略 93 奖励图表

策略 95 小组积分

# 策略 69 留堂

## 说明

牛津词典将“留堂”定义为“放学后被留在学校的惩罚”，通常与中学教育相关。早期教育中可以使用留堂这一策略，但要以适合儿童年龄的方式进行。

它被视为一种暂时的隔离措施，例如不允许儿童参加游戏、户外活动、黄金时间活动、自由活动、烹饪活动等他们喜欢的休闲活动。

关键在于，留堂应在当天执行，避免推迟。对于年龄较小的孩子来说，如果留堂被推迟到另一天，他们很可能会忘记自己被留堂的原因，这只会让他们感到难过，并疑惑为何自己不能与同伴一起参与活动。

## 实用小贴士

- 不要向全班宣布某个孩子留堂的事情——孩子已经受到了惩罚，不要再增加他的压力了！
- 如果孩子们因为留堂而不能参与游戏或黄金时间的活动，那么就让他们看着其他孩子玩。这样他们就能明白，是他们之前的行为选择导致他们错过了这些好玩的活动。
- 确保留堂的时间设置合理，与孩子们的年龄相适宜。

- 在允许孩子们重新加入集体之前，与他们讨论留堂的原因——反思自己之前的行为，可以让他们更明白为何不应该重复该行为。
- 将留堂与孩子们做出的行为选择联系起来。确保他们清楚，之所以被留堂是因为自己做了某个选择。帮助孩子们理解，他们可以控制自己的选择——可以选择做好事并得到奖励，或者做错事并受到惩罚。

### 使用该策略的优势

- 这是一种经过反复验证的行为管理方式，可以根据实际情况调整，几乎可以用于所有年龄段的孩子。
- 让孩子们意识到，他们可以控制自己做出的决定，并承担这些决定带来的后果。
- 在早期教育环境中，孩子们能够看到他们错过了什么，并在之后努力避免重复同样的错误。

### 调整建议

（1）小学高年级的学生通常对留堂比较熟悉。对于年龄大一些的小学生，可以使用同样的策略，但需要调整时间。小学生的留堂不应延伸到放学后。

（2）对于有特殊教育需求的孩子，应酌情考虑惩罚的时长。重要的是让他们认识到惩罚是其行为的后果。

### 思考

（1）在你的教学场所中，留堂通常会被用于什么情况？

（2）在执行留堂措施时，如何确保孩子们不会被“遗忘”？

**资源链接**

策略 81 思考椅

# 策略 70 “停—想”棒棒糖

## 说明

“‘停—想’棒棒糖”是一张圆形卡片，固定在一根圆木棒上。卡片的一面印有“停”的标志；另一面的灯泡图则代表“想”的部分。它是一种无须教师说话就能有效管理不当行为的方法。如果发现孩子行为不当，教师只需将“棒棒糖”举向他们，儿童便会停止当前行为。随后，教师翻转“棒棒糖”，展示灯泡图，引导儿童反思自己的行为并思考改进方法。

## 实用小贴士

- 向儿童解释“棒棒糖”的使用方法。这种方法通过图像引导孩子“停”下来，然后“想”自己的行为以及应该如何改正，从而促进儿童的自我评估和反思。
- 准备较小尺寸的“‘停—想’棒棒糖”，以便其他成人将其用于小组孩子的管理。
- 用“棒棒糖”管理孩子反复出现的行为问题，如大喊大叫、打断教师讲话或“偏离任务”。
- 确保“棒棒糖”上的颜色和图像明亮清晰，以便孩子们快速识别。

## 使用该策略的优势

- “棒棒糖”是一种制作简单、使用方便的资源，适合儿童使用。
- 儿童会迅速对“停”的标志做出反应，因为它与生活中常见的交通标志直接关联。
- “棒棒糖”有助于儿童反省当下的不当行为，并给予其改正机会，这减轻了教师直接指导的负担。

## 调整建议

（1）对于年龄较小的孩子，教师可在“棒棒糖”上仅标注“停”的标志，因为这一发育阶段的孩子很难进行自我调节。

（2）对于年龄较大的孩子，教师可以引导他们描述改善行为的想法和计划，这样就能知道孩子们是怎么想的了。

## 思考

（1）当孩子们在户外游戏区时，使用“‘停—想’棒棒糖”的效果会好吗？为什么？

（2）你会将此资源用于有特殊教育需求的孩子吗？为什么？

**资源链接**

策略 24　裁判卡

策略 26　“停止—前进”卡

# 第八章

# 有影响力的管理策略

# 策略 71 环境布局

## 说明

班级环境应该能够为你所照顾的儿童的成长提供支持。环境布局可能会对儿童的行为产生深远的影响。当儿童身处一个让他们觉得“为自己考虑”的环境中时，他们就更有可能集中精力、积极主动，进而从经验或课程中学到更多东西。考虑家具的结构及尺寸是很重要的。儿童是否有足够的空间活动而不会相互碰撞？同样重要的是，展示品要放在合适的高度，使儿童能够与之互动；如果展示品摆放在儿童够不着的地方，他们就无法与之互动。马斯洛的需求层次理论可以帮助你考虑环境布局。儿童的这些需求通常在家里得不到满足，因此，向儿童表明你正在考虑他们的需求，他们就更容易感到被关心，从而更可能展现出良好的行为。

## 实用小贴士

- 考虑一下你在自己的空间里重视什么，并尝试将这些元素融入教学场所中。
- 如果教学场所过于繁杂，可能会对儿童造成过度刺激，使他们感到困惑，并可能导致行为不良，因为孩子们很难集中精力做事情。
- 确保教学空间引人入胜但不杂乱——不能让儿童感到局促！
- 确保儿童在教学场所中拥有自己的私人空间。一个抽屉、一个挂钩、一个“小储物格”，将给儿童一种归属感。
- 确保儿童明白他们可以自由地取用物品，因为他们可能不确定自己可以触摸什么。

## 使用该策略的优势

- 当自己的需求被关注时，儿童在环境中会更快乐，更有可能实现目标。
- 如果你能集中精力照顾好儿童，并根据他们的需求规划教学场所的布局，儿童会变得更平静，教学活动也会进行得更顺利。
- 让儿童能够轻松地获取所需物品，就是在培养他们的独立性。
- 如果儿童快乐，那么教师也会感到快乐。

## 调整建议

（1）对于有特殊需求的孩子来说，特别是孤独症儿童，教学环境中的布局尤为重要。在规划布局时，要考虑这些孩子的个体需求。

（2）如果你在一个开放的环境中工作，则可以通过团队合作来布置环境。征询每个人的意见会更加高效，而且如果所有教育工作者都能参与到布局规划中，那么他们会更愿意在教学空间内支持儿童。

## 思考

（1）想想你的教学场所，在了解了这一策略后，你对环境布局有什么想法？有什么你想改变的吗？

（2）你能将你的教学场所中孩子们的所有行为（积极或消极行为）归因于环境布局吗？

**资源链接**

策略 51　常规
策略 9　展板

# 策略 72　学习风格

**案例**

在一个有管理难度的班级任教时，詹姆斯老师发现让所有孩子参与小组活动非常具有挑战性。孩子们在他教学时捣乱和分心。他认为，持续采取多感官教学法也许会改善孩子们的行为。在圆圈活动期间，孩子们可以通过使用互动式白板和倾听教师的讲话获得视觉和听觉提示。对于动觉学习者，詹姆斯老师尽可能利用白板的互动功能，或者给孩子们提供迷你白板，使其记录想法、图片或回答。这意味着教学方法可以适应不同学习风格的孩子。在实施多感官教学法后，詹姆斯老师发现孩子们保持专注的时间大大增加了。下一步，为了确保所有孩子的参与度并减少行为问题的发生，詹姆斯老师将在备课时考虑到孩子们的学习风格，以确保他们不仅能在课程时间得到照顾，也能在整个班级活动中得到关注。

## 实用小贴士

- 在介绍活动时，针对不同的学习风格，为孩子们提供多种选择，并允许他们用自己喜欢的方式完成活动。
- 使用多种媒介，确保教学适应不同孩子的学习风格。

- 让孩子们了解自己的学习风格，以便他们能够支持自己的学习，并获取适合其学习风格的资源。
- 了解霍华德·加德纳（Howard Gardner）的多元智能理论，该理论提供了一种更详细的方法来支持各种学习风格，这些策略可应用于早期教育环境中的教学规划和实践。

## 使用该策略的优势

- 孩子们很投入，良好的行为会自然产生。通常（尽管并非总是如此），孩子们表现不佳是为了解闷。
- 孩子们不仅可能表现得更加理智，还能学到更多东西。
- 以学习风格为重点进行思考和规划，能够打造更优质的课程。
- 作为教师，你正在回应班级里孩子们的需求。
- 专注于这个策略一段时间后，制订教学计划时考虑学习风格会变得自然而然。

## 调整建议

（1）让年龄较大的孩子参与设计适合其学习风格的活动，可以对其整体行为和学习态度产生积极的影响。

（2）请年龄较大的孩子提出建议，说明如何调整活动以适合所有学习风格。

（3）进一步运用加德纳的多元智能理论，优化为孩子们设计的活动。

## 思考

（1）你如何确定你所在的班级里孩子们的学习风格？

（2）你会根据孩子们的学习风格调整对他们的评估方式吗？

**资源链接**

策略 76 动起来，集中注意力

策略 79 指令

# 策略 73 艺术与设计

## 说明

艺术疗法通常用于帮助儿童管理行为问题，并鼓励他们在安全的环境中表达情感。

这一疗法可以成为一种非常有效的预防性行为管理方式。它通过让孩子们亲自操作材料、制作有意义的作品，以及与指导者互动，促进他们产生积极的变化。

通过一对一或小组形式的互动，孩子们在安全的环境中活动，更容易感到舒适，也会对与治疗小组领导者建立的关系做出积极的回应。随着孩子们逐渐适应并愿意表达自己，他们可能会将在艺术治疗中习得的策略应用于日常生活，以自主地管理自己的行为。

## 实用小贴士

- 鼓励孩子们在正式课程之外定期参加对身心健康有益的艺术或治疗课程，以便他们能够获得持续可靠的支持。
- 这一策略也可以在突发危机时使用，用于帮助那些难以表达情绪的孩子。
- 采用多种艺术表达方法，以满足不同孩子的需求，并保持策略的有效性。

- 查找有关艺术治疗的资料，寻找可以应用于儿童活动的创意和灵感。
- 鼓励孩子们积极参与课堂活动，以确保这些活动更贴近他们的需求。
- 尽量不要设定固定的课程成果，让孩子们的作品体现他们的个人表达——重要的是，不要告诉孩子们该如何展现自己。

## 使用该策略的优势

- 艺术疗法可以让有行为问题的孩子在安全的环境中得到支持。
- 孩子们可以通过多感官的方式表达自己，这也能让他们接触到管理自己行为的方法。
- 这种疗法适用于所有年龄段的孩子以及有特殊教育需求的孩子，是一种行之有效的方法。
- 通过课程，大多数孩子能够识别自己的情绪，并逐渐学会控制这些情绪。

## 调整建议

（1）音乐手指画——通过给予孩子们感官刺激，帮助他们创作出富有创意的作品。

（2）户外艺术活动——鼓励孩子们观察云朵或植物，并画出其所看到的图案或形状。

（3）小组拼贴画——鼓励小组中的每个孩子创作自己的拼贴画，然后将所有作品组合在一起，形成一幅大的拼贴画。

（4）情绪绘画——与孩子们讨论情绪，并选择与这些情绪相关的颜色。鼓励他们使用不同的笔触进行绘画，以更好地表达情绪。

## 思考

（1）如果在你的班级里成立一个艺术治疗小组，你需要做些什么？

（2）在你的班级里，谁会从艺术治疗中受益？

**资源链接**

策略 74　舞蹈

策略 75　体育活动

# 策略 74　舞蹈

## 说明

舞蹈是支持儿童管理行为的极佳方式，因为它是一种表达情绪和情感的好途径。舞蹈风格多种多样，每种风格在表达情感方面各有侧重，例如：探戈代表激情；嘻哈舞代表快乐、放松；爱尔兰舞代表控制、优雅。舞蹈可以帮助儿童学会如何表达自己。如果孩子们能够通过舞蹈感受并表达某种情感，他们就更有可能理解自己的情绪。值得期待的是，随着时间的推移，舞蹈能帮助他们在日常生活中管理和控制情绪。孩子们跳舞时所配的音乐也会对他们的行为和对舞蹈的反应产生积极的影响，尤其是当使用他们熟悉的音乐时。舞蹈可以教会儿童如何平静和放松，这些技巧可以供儿童在需要时运用。此外，它也可以作为愤怒或挫败感的即时发泄途径。

## 实用小贴士

- 将舞蹈作为“脑力锻炼”的一部分，或者在孩子们经历了一段兴奋的游戏时间后，用舞蹈来帮助他们平静下来（请明智地选择舞蹈风格！）。
- 让孩子们表演舞蹈，允许他们参与音乐选择和舞蹈编排。
- 尝试不同的舞蹈风格，观察哪种风格最适合你们班的孩子。他们更喜欢哪种风格？哪种音乐或舞蹈风格对孩子最有效？
- 不要设计过于复杂的舞蹈作品，这种舞蹈不是为大型艺术表演舞台准备的。保持简单，孩子们就更容易记住舞步和动作，并乐在其中。
- 鼓励儿童尊重他人。儿童需要感到舒适且不自卑，这样这一策略才能有效地发挥作用。

## 使用该策略的优势

- 这是一种“身体力行”的行为管理方式，让人难忘，并有助于儿童的动觉学习。
- 这对你和儿童来说都充满乐趣，而且相关资源易于获取。
- 儿童在学习表达和管理情绪、情感的同时还能保持健康。
- 儿童可以接触到来自不同国家和文化的舞蹈，这有助于培养儿童的国际视野。

## 调整建议

（1）你可能会发现，舞蹈的使用方式需要根据儿童的需求进行调整。年龄较小的孩子可以接触各种风格的舞蹈和音乐，但需要教师向他们展示非常基础和重复的动作。

（2）鼓励年龄较大的孩子在这一策略中支持年龄较小的孩子。邀请他们给年龄较小的孩子示范或教授新的舞蹈。

## 思考

（1）你如何确保在你的教学环境中为这一策略留出空间？

（2）你将如何提高你的舞蹈知识，以便能更有效地运用这一策略？

资源链接

策略 17　音乐

策略 75　体育活动

# 策略75 体育活动

海伦·威尔逊

## 说明

体育活动是一种非常有用、有趣、免费且极其有效的方式，可以改善儿童的行为。

体育活动为孩子们提供了一个在安全环境中“释放精力”的机会，同时也可以用来塑造理想的积极行为——例如，侧重通过体育活动来帮助孩子们发展合作技能。更重要的是，定期参与体育活动有助于孩子们的健康发展和幸福感的提升，并降低他们在未来生活中罹患各类慢性病的风险。从短期看，这些活动还有助于提高孩子们的专注力！

## 实用小贴士

- 将热身活动作为每次课程的必要部分——在开始活动前进行一些拉伸或运动。
- 在开始之前，要吸引每个人的注意力，以便解释活动规则。务必在说明“做什么”之前先说“什么时候做”，如“当我说‘现在’时，我希望你们找一个伙伴”。
- 确保每个人都参与并投入其中。不要选择像足球这样的正式游戏，因为有些孩子可能会因为先入为主的观念或过去的经验而被排除在外！
- 指令要简洁明了，直奔主题，以便孩子们能尽快开始游戏！

- 保持热情并积极参与——你是最好的榜样。
- 发挥创意——你不需要昂贵的设备就能组织像“人体结”这样的身体游戏。

## 使用该策略的优势

- 如果每个人都参与其中，体育活动有助于儿童建立自尊。要强调体育活动应以乐趣为主，而非竞争！
- 孩子们可以提高有氧耐力、柔韧性和肌肉力量。
- 将体育活动融入日常生活中，不需要太多时间和空间！
- 体育活动是激励男孩的绝佳方式，同时也可以用来发展儿童的沟通、语言和读写能力！

## 调整建议

（1）让孩子们与家长一起列出他们玩过的体育活动。

（2）将其作为行为奖励——如果一个孩子表现出了理想的行为，他就可以选择当日的游戏。

（3）将体育活动融入其他学习领域，例如可以进行“船中人”游戏。将呼啦圈散放在地板上，孩子们做出游泳的动作，直到有人喊出“船中人”和一个算式让孩子们计算；得出数字的孩子跳进标有相应数字的呼啦圈——这对提高心算能力非常有用！

## 思考

（1）在体育活动方面，你的榜样作用如何？你在带领体育活动时是否会积极参与并穿着合适的服装？

（2）你如何鼓励小组中那些较为“不情愿”的成员参与进来？

资源链接

策略 51　常规

策略 52　户外区域

# 策略 76　动起来，集中注意力

## 说明

“动起来，集中注意力”这一策略背后的理念很简单——儿童天生有一种“站起来、做起来、动起来”的需求和愿望。有时，这种“需求”可能会导致行为上的困难，尤其是当教师试图面向一群孩子开展工作，或者在孩子们扭动、坐立不安、焦躁和不专心的情况下进行教学时。快速短暂的“动起来，集中注意力”活动可以帮助孩子们释放多余的能量，从而使他们重新集中注意力并专注于学习。几分钟的跳跃、原地跑步、扭动躯干、踏步、伸展、原地单脚跳或短跑，能让孩子们变得专注并听你讲话。

## 实用小贴士

- 收集一些节奏明快的歌曲，在“动起来，集中注意力”活动中播放，这样你和孩子们就可以跟着稳定的节拍进行不同的活动。
- 如果在室内开展“动起来，集中注意力”活动存在健康和安全隐患，那么教师可以利用户外游戏区或操场。
- 考虑在孩子们正式入园前进行“动起来，集中注意力”活动——你是否能邀请一些孩子的家长一起参与？
- 简单制作一份关于“动起来，集中注意力”的宣传册，让家长了解为什么你会在整个课程或一天中与孩子们进行多次短暂的高能量活动。

### 使用该策略的优势

- 孩子们对“动起来，集中注意力”活动非常感兴趣。
- 短暂的剧烈活动确实有助于缓解教育场所中的行为问题。
- “动起来，集中注意力”活动有助于孩子们保持活跃和健康。
- 研究表明，“动起来，集中注意力”活动对孩子们的成就水平以及专注于学习的能力有积极的影响。

### 调整建议

（1）对于年龄较小的孩子或身体残疾的孩子，选择需要较少协调能力的“动起来，集中注意力”活动——有些孩子无法同步地完成动作，因此可考虑从跑步、跳跃和舞蹈活动开始。

（2）对于年龄较大的孩子，可以设计一些由小团体带领的例行活动，这样你就可以增强孩子们的注意力，让他们更好地集中精力！

### 思考

（1）你知道你所在的地区有哪些教育场所使用“动起来，集中注意力”活动来吸引儿童参与吗？你是否计划去实地观察，以确定其有效性？

（2）在你的教育场所中，哪里是进行“动起来，集中注意力”活动的理想空间？

**资源链接**

策略 75　体育活动

策略 74　舞蹈

# 策略 77　饮食

海伦·威尔逊

## 说明

孩子们的饮食，即他们所吃的和所喝的，确实会对其行为产生影响。已经有大量的研究探讨了不同食物对儿童行为的影响。儿童以惊人的速度学习和成长。为了获得成长、活动和学习所需的能量，儿童需要均衡的饮食，包括摄入营养丰富的食物和充足的水分。多样化的饮食可提供儿童所需的各种蛋白质、碳水化合物、脂肪、维生素和矿物质。良好的饮食还可以提高儿童的注意力和活力，从而增强他们的学习潜力。

## 实用小贴士

- 以身作则，健康饮食。
- 让儿童参与食物的采购、选择和准备。
- 让所有工作人员参与制定或审查园所中的健康饮食制度，这有助于每名员工理解健康饮食的目标，以及点心和用餐时间如此安排的原因。
- 当向儿童介绍新食物时，关键是要让他们多试几次。第一次吃某种食物时，他们可能会拒绝。但这可能只是因为该食物代表一种新口味，或者儿童不喜欢它的质地、颜色或气味。
- 不要让食物成为奖励或惩罚的手段。

## 使用该策略的优势

- 如果孩子们看到其他人（尤其是榜样）吃新奇的食物，他们就会觉得自己尝试这种食物是安全的。
- 点心时间和午餐时间是孩子们发展语言能力的绝佳机会。孩子们的谈话不必只围绕食物，他们关于玩耍和家庭的闲聊也非常有价值。当有时间坐下来倾听时，你会惊讶地发现，孩子们的生活中竟有如此多有趣的事情。

## 调整建议

（1）为了了解儿童的饮水量，可以在儿童喝完水后，让他们在白板上写下自己的名字，或者在自己的名字 / 照片旁边贴上一张水滴的图片。成人也可以这样做！

（2）有些孩子可能没有吃早餐，因此可以考虑在早上 9:30 之前提供早餐桌，摆上小碗麦片和盒装牛奶，让孩子们自助取用。

（3）游戏是孩子们学习的主要方式——他们需要时间去探索和“玩”不同的食物。

## 思考

（1）你和你的同事是否以身作则，与孩子们一起吃健康食品？

（2）想一想……我们需要谨慎地谈论食物，因为任何食物都不应该被贴上“坏”的标签；重要的是培养儿童对平衡、健康饮食的理解。

**资源链接**

策略 1　你的行为

策略 37　家长参与

# 策略 78　建设性的批评

## 说明

尽管没有人特别喜欢接受建设性的批评，但请牢记，这可以成为培养孩子积极行为的有效方式。对于一些孩子来说，建设性的批评是必要的，可使其意识到自己正在表现出不良行为。重要的是让他们明白这些行为对自己、同伴的学习以及你的教学的影响。许多教师不愿意批评孩子，但请注意，儿童具有内在的韧性，在你、其他工作人员以及其家长的支持和鼓励下，他们很快就会“恢复过来”。

## 实用小贴士

- 确保你的批评是针对行为而不是孩子本人的，例如“克莱尔，我喜欢你，但在圆圈活动中，你不听我说话，这让我很不高兴”。
- 考虑何时是批评孩子的最佳时机——单独时？在同伴面前时？在课程 / 一天结束后，与他们的照顾者在一起时？考虑使用这种方式的后果以及你希望通过这种特殊方式产生的影响。
- 帮助孩子们认识到，如果你们齐心协力，他们的行为会有所改善。这可以通过为他们设定一些小目标来实现，例如：回答问题时举手；在地毯上坐得离教师近一些；远离朋友坐着，这样他们在游戏时就不会分心。

## 使用该策略的优势

- 建设性的批评可以直指问题的核心，让孩子们清楚地了解自己的哪些行为是不恰当或不可取的。

- 保护孩子们的自尊心有助于维护你与他们之间的积极关系。
- 简短而具体的目标能够为孩子们提供明确的方向，让他们知道该如何改进自己的行为。

## 调整建议

（1）对于年龄较小的孩子，请仔细考虑你使用的语言，以避免他们因你的表达而感到困惑。

（2）对于有特殊教育需求的孩子，请确保批评集中在某一个具体的行为上，这样更容易被理解。

（3）对于年龄较大的孩子，可以考虑以书面形式与他们分享批评，并鼓励他们写下两种改进方法，以解决你担忧的问题。

## 思考

（1）在你的班级里，你认为哪些孩子会对建设性的批评做出积极的回应？为什么？

（2）你会给孩子多长时间来改正他的不当行为——10 分钟？1 小时？1 天？为什么？

**资源链接**

策略 79 指令

策略 44 行为目标

# 策略 79　指令

## 说明

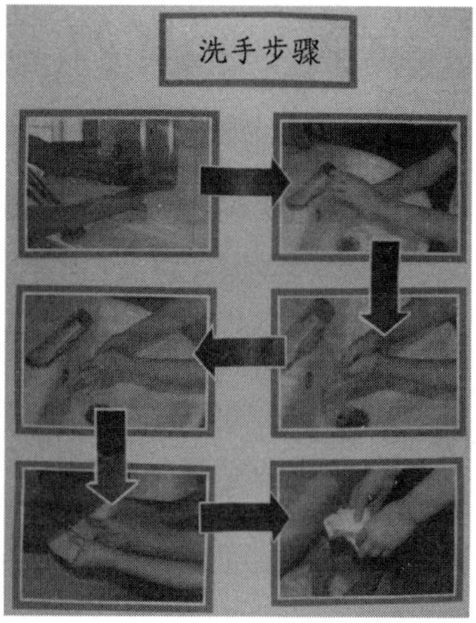


指令在组装家具、寻找游戏地点、烹饪食物以及完成其他诸多日常活动中发挥着重要作用。有时，缺乏这些指令会使任务变得相当有难度。孩子们在没有指令或目标的情况下同样难以应对，这可能导致不良行为。给孩子们的指令应具体且简明扼要，确保明确传达你的期望，避免过于复杂，导致他们难以遵循。

在良好的指导下，孩子们不太可能表现出不良行为，并且会意识到他们需要完成特定的任务——指令帮助孩子们保持专注。

## 实用小贴士

- 最初仅针对一项活动或任务提供指令，随后逐步引导孩子们适应其他学习环节或常规的指令。
- 确保环境中有提示来帮助他们遵循指令。
- 询问孩子们指令是否易于执行；若存在困难，可根据他们的意见进行调整。
- 给予孩子们机会，让他们决定所在环境中需要的指令——是否存在他们感到不确定或认为需要指导才更容易完成的事项？
- 与即将接手下一学年工作的教师密切合作，为了使过渡更顺利，向他们提供孩子们已经知道的指令。

- 使用简单易懂的单步骤指令。

## 使用该策略的优势

- 孩子们可以按照指令独立地完成任务。
- 你可以将指令用于任何活动 / 任务。
- 孩子们能够更加独立地学习或游戏——他们会对自己所做的事情有掌控感，并且感到被信任。
- 从长远来看，使用指令可以节省你的时间。
- 指令会成为孩子们的常规。

## 调整建议

（1）请孩子们帮助你决定所写的指令。根据孩子们的年龄，他们可以与你一起坐下来讨论，或者尝试独立编写指令。这项活动让孩子们参与策略制定，同时可以促进他们理解指令，提高口语表达和倾听的能力以及写作技能。

（2）使用幻灯片，在交互式白板上展示指令。

## 思考

（1）你认为每个任务应该对应多少条指令，才能让孩子们在不感到困惑的情况下遵循这些指令？

（2）在你的教学场所中，你会如何表述指令？

**资源链接**

策略 51　常规

# 第九章

# 反思性管理策略

# 策略 80 规则 / 协议

## 说明

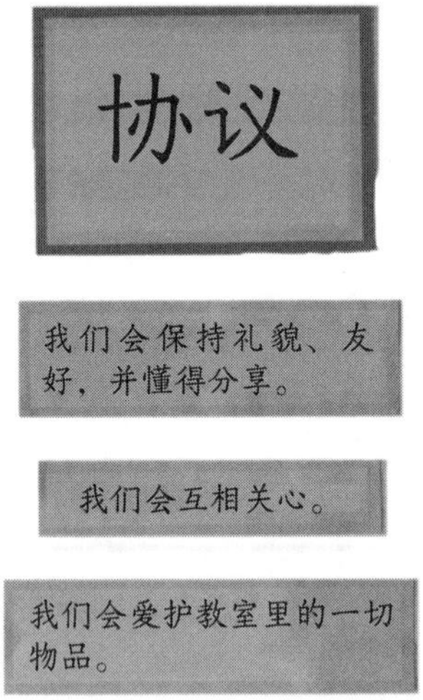


新学期伊始，对于新的班级或儿童群体来说，建立一套规则或协议很重要。最有效的方式是让孩子们参与其中，这样制定出来的规则 / 协议与他们更相关，他们也就更有可能遵守。孩子们需要知道教师对他们的期望，如果能让他们参与制定规则 / 协议，他们就会感到自己受到尊重和重视。

允许孩子们参与，向他们介绍协议的概念，例如，让他们思考为了让教师开心，必须做哪些事情。支持孩子们表述他们的行为期望，然后利用这份清单创建一份协议。

## 实用小贴士

- 确保规则 / 协议是积极的——以“我们会”或“我能”开头。使用消极的开头可能会影响孩子们对协议的态度。
- 在教室里清楚地展示规则 / 协议。
- 请孩子们在规则 / 协议旁边签名，并将这张纸塑封后贴在墙上。如果孩子们违反了任何规则 / 协议，提醒他们曾经做出的承诺，并向他们展示签名。
- 对于年龄较小的孩子，使用“协议”一词而不是“规则”，因为这样更符合孩子的心理特点。

- 如果儿童在教室里不遵守规则，请参考规则 / 协议，让孩子们告诉你他们需要记住哪一条。
- 在孩子们制定规则 / 协议时，温和地引导他们，为他们提供支持，但不要自己设定规则。

## 使用该策略的优势

- 孩子们参与了规则 / 协议的制定，会更愿意遵守它们。
- 规则 / 协议清晰可见，便于参考，有助于孩子们明确教师的期望。
- 因为规则 / 协议是在学期初就确定好的，所以孩子们会逐渐熟悉它们，并开始在不需要提示的情况下主动参照执行。

## 调整建议

（1）让孩子们使用贴纸或口头表扬的方式对那些遵守规则 / 协议的人表示认可，进而让他们支持这个策略。

（2）你可以让孩子们撰写一份操场 / 户外协议，并指定监督员，促使监督员在户外游戏时间为他人提供支持。

（3）对于年龄较小的孩子，你可以使用照片而不是文字来展示协议。

## 思考

（1）你会如何向孩子们介绍关于制定规则 / 协议的想法？

（2）在你的教室里，哪里是展示这些协议的好地方？

**资源链接**

策略 51　常规

策略 44　行为目标

# 策略 81 思考椅

**案例**

当所有儿童坐在地毯上进行集体活动时，6 岁的萨姆故意在另一个孩子的白板上乱涂乱画。助教将萨姆带到思考椅旁，让他坐在思考椅上思考刚才发生的事情。助教将电子计时器上的计时时间设置为 5 分钟，并将电子计时器交给萨姆。5 分钟后，助教回到萨姆身边，询问他为什么会被要求坐在思考椅上。萨姆描述了自己的行为，随后教师引导其思考为什么这种行为不恰当。接着，助教与萨姆交谈，询问他现在应该怎么做。萨姆认为他应该向另一个孩子道歉，并试着帮助对方在白板上重新书写。助教随后表扬萨姆很好地利用了思考时间，并监督他履行自己的承诺。

## 实用小贴士

- 使用思考椅来处理儿童轻微的行为问题。
- 考虑思考椅在教室中的位置，确保坐在椅子上的儿童仍然在教师的视线范围内。
- 使用沙漏或电子计时器，以确保儿童不会被遗忘。

- 如果儿童错过了某个任务，确保他们在自己的时间内完成。
- 在思考时间结束后，务必与儿童进行对话。
- 不要让儿童长时间坐在思考椅上——最多5分钟。
- 反思儿童曾经的积极行为，将其作为你希望看到的行为范例。始终以积极的评价结束与儿童的讨论。

## 使用该策略的优势

- 在讨论行为事件之前，你和孩子都有时间冷静下来。
- 可以确保教学时间不被过多侵占。孩子可以暂时离开，而你可以在不中断教学的情况下与他一起解决问题。
- 让孩子有机会思考自己的行为。
- 如果让孩子在思考椅上进行反思，这将让孩子有机会学习自我行为管理。

## 调整建议

对于年龄较大的孩子，你可以考虑采用类似的方法，也许可以使用教室里的某个区域，而不是特定的椅子。鼓励孩子们暂停活动，如果他们有需要，你可以让他们坐在那个区域里。几分钟后，再接近这些孩子并进行讨论，以确定和解决他们的问题。

**【提示】**有些孩子可能会将暂停区域当作个人休息区，所以教师需要提前制定一套使用规则。

## 思考

资源链接

策略82 安抚抱枕

（1）如果孩子们在户外进行体育活动，而你觉得他们需要使用思考椅，你会怎么做？

（2）你将如何把思考椅融入你目前正在使用的行为策略中？

# 策略 82　安抚抱枕

## 说明

安抚抱枕是一种帮助孩子们以安全且具有支持性的方式释放愤怒和沮丧情绪的好工具。有时，孩子们会感到非常沮丧，以至于无法以冷静和理性的方式处理情绪；与让孩子们通过踢打他人来“发泄情绪”不同，安抚抱枕可以帮助他们在安全“释放”情绪后恢复平静。这些抱枕只是普通的抱枕，孩子们可以挤压、拉扯、扭动、击打、摔打或“踢飞”它们，这样就可以在不伤害他人的情况下释放情绪。一旦孩子们有机会平静下来，他们就可以有效地重新投入自己的活动中。

## 实用小贴士

- 考虑在何处允许孩子们使用安抚抱枕——让其他孩子看着某个孩子进行“攻击性释放”并不合适。
- 并非所有孩子每天都需要使用安抚抱枕。它们可以被放在一个特别的地方（盒子或橱柜里），这样孩子们就能明白它们不是教育环境中“家具”的一部分。
- 让沮丧的孩子以自己的方式探索安抚抱枕——这不是一种一定需要教师向孩子们示范使用方式的资源。
- 询问孩子们使用安抚抱枕后的感受——你会发现，孩子们在使用后感觉好多了。

## 使用该策略的优势

- 安抚抱枕是一种相对便宜的资源，适合在你的班级里使用。

- 安抚抱枕让孩子们能够以安全的方式表达他们的情绪。
- 孩子们在使用抱枕时所获得的放松感，有助于他们认识到表达强烈情绪的重要性。

## 调整建议

（1）安抚抱枕的替代品可以是压力球、玩偶、有弹性的黏土和毛线球等。

（2）对于年龄较大的孩子，教师可以在和他们谈论感受时，让他们触摸安抚抱枕。

（3）可以鼓励有特殊教育需求的孩子或身体残疾的孩子操作和使用感官垫[①]。

## 思考

（1）在你的班级里，哪些孩子在处理强烈的情绪方面有困难？

（2）你认为安抚抱枕在一天中的什么时候特别有用——在游戏时间之后？在一节课 / 活动结束时？为什么？

**资源链接**

策略 56　管理愤怒
策略 75　体育活动

① 一种专为 12 岁以下儿童设计的教育玩具，可以为儿童带来视觉、触觉等方面的感官体验。——译者注

# 策略 83 休息垫

## 说明

这个策略体现了我们从美国的教育实践中借鉴的理念。在课程（一天）中的某些时段，教师会告诉孩子们现在是“休息时间”。听到这个指令后，孩子们会停止手头的活动，取出自己的垫子（类似于瑜伽垫），在地板上找一个空间，躺在垫子上，要么睡觉，要么反思，要么闭上眼睛，要么思考接下来要做什么。教师告诉孩子们，这不是一个与他人交谈或互动的时刻，而是让大脑稍稍休息的时间。一段时间后，教师会告知孩子们“休息时间”结束了；孩子们随后起身，收拾好垫子，重新投入学习中。

## 实用小贴士

- 确保垫子有清晰的标记，以便每个孩子都知道哪个垫子属于自己——可以使用不同颜色、形状的标签来区分。
- 一开始要向孩子们演示你期望的行为，让他们清楚地知道在垫子上应该做什么。
- 表扬那些在垫子上表现出你期望的行为的孩子；对于行为不当的孩子，可以轻声与其交流，或者使用有效的非言语策略（更多方法请参阅第一章）。

## 使用该策略的优势

- 这一策略为你和孩子们提供了“喘息的时间”；本质上，这对你们双方都是一种有效的“暂停”。
- 让大脑有休息的时间，可以帮助孩子们在实际学习时更加专注和高效。我们将这种策略视为营造优质的学习和教学环境的一种方式。

- 使用休息垫是一个很好的策略，适用于孩子们在不必要的时候吵闹（如刮风时）或者过度兴奋（如临近圣诞节或长假时）。

## 调整建议

（1）根据孩子们的年龄，可以将这一活动时间命名为“休息时间”“放松时间”“暂停时间”“冷静时间”或“反思时间”。

（2）对于年龄较大的孩子，鼓励他们对自己的行为进行自我评价——他们表现得好吗？他们如何判断自己表现好坏？他们可以做些什么来表现得更好？

（3）与室内活动不同，可以考虑带孩子们到户外游戏区、操场或大厅进行这一活动。

## 思考

（1）为所有孩子购买垫子的成本是多少？

（2）空间限制是否会阻碍你全面实施这个策略？

（3）如果有孩子在“休息时间”陷入沉睡，你会怎么做？

**资源链接**

策略 82　安抚抱枕
策略 87　沙漏

# 策略 84 本周之星

## 说明

每周结束时，班级教师会选出一名表现出色、努力或取得突出成就的儿童作为“本周之星”。教师可以选择在固定的时间、公开的场合（如在幼儿园每周的集会上）表彰儿童，并宣告儿童被选中的原因。教师可以颁发贴纸或证书来认可儿童的成就，这样儿童就可以与家长分享自己的成功。

## 实用小贴士

- 为获得“本周之星”的孩子拍照，如果你所在的学校有网站，可以每周将受表彰的孩子的照片上传到年级组主页。
- 给孩子们颁发证书，让他们将其带回家并向家长展示自己是“本周之星”。
- 向其他孩子强调成为“本周之星”具有特殊的意义，并鼓励他们向获奖的同伴表示认可/尊重，这样能让这个奖项更具意义。
- 确保证书上有足够的空间让你写下孩子成为“本周之星”的原因，以强化他们的积极行为。
- 记录下获得“本周之星”的孩子的名字，以便你在一年中可以为班级中的所有孩子颁发奖项。

### 使用该策略的优势

- 这是一种非常具体且个性化的认可儿童良好行为的方式。
- 如果在集会上或在所有孩子聚集到一起时颁发证书，“本周之星”就会得到所有人的认可。
- 由于证书会作为奖励的一部分被孩子带回家，因此孩子的家长也会参与到这个策略中。
- 对孩子们来说，这是一周的完美收尾，也是他们接下来可以为之努力的目标。
- 这个策略成本低廉，且容易实施。

### 调整建议

（1）同样的想法可以用于幼儿园小、中班。可以将孩子们的照片和他们成为“本周之星”的原因展示在墙上，而不是仅在集体活动中对其进行表彰。孩子们仍然可以将证书带回家，与家长分享他们的成功。

（2）年龄较大的孩子可能不太喜欢证书形式的奖励，他们也许更偏向非正式的认可方式，如积分或自由活动许可证。

### 思考

（1）如果一个孩子特别害羞，不愿意在集会上站起来领取证书，你会怎么做？

（2）你认为应该由谁为孩子们颁发证书？

**资源链接**

策略 10 特别小助手
策略 49 证书
策略 68 期末 / 年终颁奖典礼

# 策略 85 让我微笑板

## 说明

“让我微笑板”是一张A3纸[①]大小的黄色塑封卡片，中间画有一个大大的笑脸。

这块板应在每天 / 每节课开始时使用。教师可以询问儿童：“你们可以做出哪些让我微笑的行为？”这些行为可以是努力学习、善待他人、为别人开门、将椅子推到桌子下，或者在户外游戏时间关闭室内的灯。当个别儿童真正表现出这些行为时，教师（或儿童自己）应将儿童的名字写在板上。在一日活动（每节课）结束时，教师应回顾板上的名字，强调这些名字出现在板上的原因，并对孩子们表现出的行为给予表扬。随后，这些孩子就有资格获得奖励，或者优先排队等待回家。

## 实用小贴士

- 确保“让我微笑板”又大又美观，以便所有儿童都能看到。在我们的实践中，我们会使用一个大大的笑脸，但也有同事拍摄自己微笑的照片并将其放大后粘到板上。
- 在手边准备一些小纸片，以便当你不在“让我微笑板”旁时，仍然可以记录下让你微笑的儿童的名字；然后你可以请这些儿童用胶带将写有他们名字的纸片粘到板上。在一节课 / 一天即将结束时，将儿童召集在一起，这是让其他儿童了解那些让你微笑的儿童的理想时刻。

① 国际通用标准 A 系列纸之一，其尺寸为 42 厘米 ×29.7 厘米。——译者注

- 当你表扬儿童的良好行为时，向他们展示你的微笑——儿童会非常积极地回应。

## 使用该策略的优势

- 这一简单的策略能够激发儿童行为的“积极面”，并让那些表现良好的儿童得到认可。
- 它可以被调整并适用于任何年龄段的儿童。
- “让我微笑板”能够满足所有教师、学校及政策的要求。
- 大多数儿童都喜欢取悦教师，因此会积极响应这一策略。

## 调整建议

（1）对于年龄较小的儿童，最好明确指出哪些行为会让你微笑。这些行为可以是你特别想培养的，例如轮流、诚实、分享和倾听。

（2）对于年龄较大的儿童，可以由“微笑监督员”来“操作”该板，他们负责在课堂上维护和使用该板——这样做有助于激发其积极行为，尤其是当儿童需要努力让同学们露出笑容时！

## 思考

（1）通过使用“让我微笑板”，你会积极促进孩子的哪些行为？

（2）如果一个孩子的名字连续五次出现在板上，你会给予其什么样的奖励？

**资源链接**

策略 84　本周之星
策略 80　规则 / 协议

# 策略 86 交通灯

**案例**

那是一个周一的早晨，科特尔老师发现他班上的一些孩子非常不安。奥斯卡在圆圈活动中很淘气。于是科特尔老师查看了“交通灯”外圈的名字，把奥斯卡的名字移到了黄灯上，这相当于口头警告。奥斯卡安静了一小会儿，又开始干扰其他孩子。于是科特尔老师把奥斯卡的名字移到了红灯上，然后继续给其他孩子上课。奥斯卡认识到了自己的错误，规规矩矩地坐在座位上。课后，科特尔老师与奥斯卡进行了交谈，并告诉他，如果他继续做出错误的选择，那么他将需要承担一定的后果，可能会面临惩罚。科特尔老师要求奥斯卡说明如果他的行为继续下去会发生什么。奥斯卡告诉科特尔老师，如果他再犯一个错误，他就被暂停上课，去另一间教室。

## 实用小贴士

- 对于年龄较小的孩子，你可以在他们的名字旁附上照片。
- 当一个孩子被暂停活动后，允许他们回来后重新进行之前的活动。
- 确保该策略始终易于使用，这样当你和孩子一起开展活动时，你就不需要中断活动来移动孩子的名字。
- 如果你在一个开放的环境中工作，“交通灯”应该是可移动的，以便你随身携带它们。
- 当你需要使用惩罚措施并把孩子送到同事那里时，先和那名同事沟通；他们可能不喜欢在没有预先得到通知的情况下就接收一个孩子。

## 使用该策略的优势

- 这种策略使教师在尽量不影响教学的情况下对儿童的行为进行管理。
- 你可以鼓励儿童夸赞那些名字出现在绿灯上的同伴，因为同伴认可也是一种强有力的奖励策略。
- 这是一种非常直观的策略，儿童很容易理解。
- 所有儿童都熟悉交通灯，因此很容易认同这种策略。

## 调整建议

- 可以尝试使用以下图案，对这个策略做出调整：
  - ◇ 多个竖起的大拇指—— 一个朝上竖起的大拇指，一个朝下竖起的大拇指；
  - ◇ 晴天、阴天、雨天；
  - ◇ 大笑的脸、微笑的脸、悲伤的脸。
- 如果你在一个只接收视力障碍儿童的特殊教育环境中工作，你可以在点名时使用不同的声音或短促的音乐来代替交通灯。
- 你可以使用交互式白板制作一组交通灯。

## 思考

**资源链接**

策略 24　裁判卡
策略 26　“停止—前进”卡

（1）当一个孩子的名字在绿灯上并继续表现出良好的行为时，你会如何升级奖励？

（2）如果一个孩子在上一节课中被教师“暂停”，你会把他的名字调回绿灯的位置，让他开始新的课程吗？

# 策略 87　沙漏

海伦·威尔逊

## 说明

沙漏是一种直观的计量时间的工具。它由两个玻璃（塑料）球体组成。这两个球体上下叠放并通过一个狭窄的管道连接。当它倒置时，彩色的沙子会从上面的球体穿过管道流到下面的球体。沙漏可以计量 1 分钟、2 分钟、3 分钟、5 分钟、10 分钟、15 分钟甚至 30 分钟的时间。在儿童教育环境中，它是一种非常有效的工具，可以用来帮助孩子们轮流使用计算机、在游戏结束后更快地穿好衣服、记录骑车以及其他受欢迎的活动的时间。

## 实用小贴士

- 沙漏可以用于提升儿童的专注力和强化积极的行为。
- 使用特定的沙漏来快速开始或结束任务——例如“你有 1 分钟的时间拿出东西”或“你有 3 分钟的时间写完句子”。
- 将沙漏放在儿童面前的桌子上，是鼓励其展现特定期望行为的好方法。
- 将奖励与可实现的目标相结合，例如，在安静的环境中保持专注 1 分钟，就可以获得奖励印章。
- 沙漏可以让全班安静下来。举起沙漏作为安静的信号——沙漏里的沙子流完后仍在说话的儿童将不会获得奖励。

## 使用该策略的优势

- 沙漏是一种所有孩子都能理解的非常直观的计时方法。
- 沙漏可以用于各种情境。
- 沙漏可与其他奖励系统结合使用，以激励儿童积极的行为。
- 孩子们喜欢使用它，并且喜欢通过翻转沙漏把控时间的过程。

## 调整建议

（1）机械闹钟也可用于有效地计量时间。

（2）电子计时器也是一种很好用的计时器，可以根据需要正向计时或倒计时。这类计时器很直观，可以在指定时间结束时发出“嘀嘀”声。例如，有些计算机自带的计时器可以放大到整个屏幕，可用于特定的任务。

（3）计时器非常适合在竞争性的任务中使用，例如，比较哪个小组可以最快、最安静地收拾好所有材料。

（4）沙漏可以用于全班、小组或个人任务。

## 思考

（1）你是否考虑过让孩子们自己设定完成特定活动的时间目标，以让他们对自己的行为有更多的自主权？

（2）你是否曾经考虑过使用沙漏来培养儿童的专注力或者促进良性竞争？

**资源链接**

策略 5　积极的表扬
策略 41　贴纸
策略 93　奖励图表
策略 27　印章

# 策略 88 噪声测量仪

## 说明

噪声测量仪是一种简单的工具，有助于控制环境中儿童的噪声水平。它由一张半圆形卡片组成，这张卡片被分成三个扇形部分—— 一块绿色、一块黄色和一块红色。一个蓝色的箭头附着在卡片上，可以旋转并指向不同的颜色。噪声测量仪的绿色部分表示环境中的噪声水平良好。但是，箭头移动到黄色部分，说明环境中的噪声有点大，孩子们需要降低声音；箭头移动到红色部分，则意味着噪声水平不可接受，孩子们必须立即安静下来。噪声水平的变化会影响箭头指向的变化。

## 实用小贴士

- 当孩子们进入某个环境时，始终让箭头指向绿色——以积极的态度开始活动！如果孩子们确实吵闹地进来，那么如实地展示噪声水平没有达到绿色标准也是合理的。
- 如果你将箭头移到噪声测量仪的黄色或红色部分，一定要让孩子们解释原因。
- 一旦你注意到孩子们的噪声水平有所改善，请把箭头移回绿色部分。
- 如果你想管理一组孩子的音量，你可以为他们制作一个更小的噪声测量仪。请确保将其放在他们附近。

## 使用该策略的优势

- 这是一种控制儿童噪声水平的好方法，你无须提高嗓门。
- 噪声测量仪能够帮助孩子们理解颜色的重要意义，交通灯和裁判卡也能发挥同样的作用。
- 这种卡片制作起来非常简单。
- 孩子们可以非常迅速地掌握操作这张卡片的方法，特别是当你向一个孩子强调噪声水平的变化时，他可以通过这张卡片快速地把信息传递给其他孩子！

## 调整建议

（1）对于年龄较小的孩子，为了使他们更容易理解，你可以使用只有绿色和黄色部分的噪声测量仪。

（2）对于年龄稍大的孩子，你可以在噪声测量仪的边缘加上数值，以增强他们对刻度的理解。

（3）家长可以轻松地将这个方法应用于家庭环境，以有效管理孩子的噪声水平。

## 思考

（1）你希望噪声测量仪由孩子们操作还是由你操作？为什么？

（2）你会制作多大尺寸的噪声测量仪？面向个人和面向120名学生的噪声测量仪的尺寸一样吗？

**资源链接**

策略23　10厘米的尺子
策略22　口哨或铃铛

# 策略 89 了不起的泰迪熊

## 说明

在早期教育阶段，每间教室都有一些泰迪熊等毛绒玩具。其中，至少有一个所有孩子都特别喜爱的玩具。在我们的教室里，这个玩具就是“了不起的泰迪熊”。“了不起的泰迪熊”这一策略背后的理念是，只有表现良好的孩子才能抚摩或摆弄泰迪熊。每个孩子都有机会抱抱它以及“带它出去散散步”，但孩子们必须向教师和小组成员或者班级的其他同学展示“出色行为”，泰迪熊会通过小声的“咆哮”将这些行为告诉教师。那些被泰迪熊看到并认为展示了“出色行为”的孩子，才有机会照顾它。

## 实用小贴士

- 通过运用你的表演能力，让孩子们相信泰迪熊是“活的”。
- 努力让泰迪熊显得与众不同，在教室里为它创设一个特别的位置，比如一把特别的椅子或一个小篮子。
- 在泰迪熊对你“咆哮”之前，仔细考虑你希望它推广哪些“出色行为”。
- 请考虑是每天使用泰迪熊，还是每周使用一次，以此作为促进孩子们展现“出色行为”的策略。

## 使用该策略的优势

- 孩子们喜欢照顾动物——如果你向他们表明泰迪熊是一只特殊的熊，他们就会更努力地向泰迪熊展示自己的“出色行为”。
- 如果你让孩子们相信泰迪熊对你很重要，他们就会真正地相信泰迪熊。
- 每个教育场所中都有可以与泰迪熊发挥同样作用的玩具。
- 家长可以借鉴这一策略，从而在家里更好地管理孩子的行为。

## 调整建议

（1）对于年龄较小的孩子来说，使用手偶很有用，这样你就可以通过角色创造出动作和情感。

（2）对于年龄较大的孩子来说，一只真正的动物，比如仓鼠或小兔子，可以作为泰迪熊的真实替代品——许多学校正在购买真正的动物，以促进孩子们的关爱行为。

## 思考

（1）在你的教室里，有哪些玩具可以被当作泰迪熊使用——你为什么选择这个玩具？

（2）你可能让你的“泰迪熊”在课堂（小组）中示范哪些“出色行为”？

**资源链接**

策略 25　哇卡

策略 84　本周之星

# 第十章

# 奖励良好行为的策略

# 策略 90　个体奖励方案

## 说明

对于那些不适应全班统一管理方法的儿童，或许需要为其量身定制一套方案。这些孩子可能有特殊需求，或者正在经历一段“困难期”。每个孩子都是独一无二的，他们对奖励和行为策略的反应也各不相同。教师必须识别出那些需要个性化奖励机制的学生，以便制定出能够吸引并激励儿童做出最佳行为选择的策略。

## 实用小贴士

- 尽量避免对多个儿童使用相同的策略，除非儿童要求使用相同的策略。重复使用同一策略可能会降低其对某些儿童的吸引力。
- 任何时候都不宜让过多的儿童同时使用个人奖励图表。需要关注的儿童太多，可能会导致管理上的困难。
- 发挥创意——不必总是依赖贴纸作为奖励，不妨尝试以下方法：在罐子里放宝石、在碗里放弹珠、为花朵增添花瓣、给鳄鱼嘴巴添加牙齿，或者让某个玩偶沿着梯子向上爬。
- 当儿童获得了预先约定数量的贴纸、鳄鱼牙齿等奖励时，可以给予他们一个小奖励，比如一张奖状或一份小礼物。

## 使用该策略的优势

- 当儿童被当作独立的个体来对待时，他们不仅会对奖励机制本身做出反应，也会对这种个性化的尊重和认可给予积极的回应。

- 其他儿童也可以参与进来，支持那些使用奖励图表的儿童。
- 这一策略需要家长或照顾者的参与，因为它可以被轻松地应用于家庭环境中。在家里使用这一策略，不仅能帮助儿童更好地理解其运作方式，还能强化他们对正确行为的认知。
- 奖励计划易于启动，并且相对来说没有什么成本。

## 调整建议

（1）允许儿童选择他们将要遵循的奖励方案。根据你的判断，为儿童提供一些选项，让他们挑选一个自己喜欢的方案。通过让儿童深度参与，他们会更加投入并对所选策略产生更积极的反应。

（2）鼓励其他孩子留意那些使用奖励图表的孩子，当使用奖励图表的孩子做出正确的选择时，请其他孩子及时与你分享（相关情况）。

## 思考

（1）如何确保在课堂之外，使用个体奖励方案的儿童能得到适当的支持？

（2）在你的教育环境中，哪些成人可以帮助你监督使用个体奖励方案的孩子？

**资源链接**

策略 93 奖励图表
策略 41 贴纸
策略 64 一对一时间

# 策略 91 与园长共进下午茶

**案例**

周五早上，惠斯尔顿幼儿园的孩子们正焦急地坐在集会厅里等待。哈顿老师站在会场最前面，翻找着一个装满代币的袋子。她从中挑出六枚代币，并大声地向全校师生宣读了代币上的名字。听到自己名字的孩子欢呼雀跃，而其他孩子因意识到自己本周没被选中而唉声叹气。

当天下午，那些被选中的孩子与园长一起享用下午茶，玩游戏并聊天，而班上其他孩子则继续努力为下周的抽奖赚取代币。

**【注意】**当孩子们拿到代币时，他们的名字会被写在代币的背面，以确保在每周结束时的抽奖中，每个收到代币的孩子都有机会被抽中。

## 实用小贴士

- 让孩子们参与下午茶的点心选择和准备工作。
- 为孩子们安排一些游戏，让他们在与园长共进下午茶后一起玩。
- 给年龄较大的孩子安排一个与园长问答的环节。

- 不要给孩子们提供可能引起兴奋的碳酸饮料或含糖饮料。否则，当他们回到教室时，他们的老师可能会感到头疼。
- 让孩子们参与抽奖过程——这个任务可以交给上次拥有最多代币但未被抽中的孩子。

## 使用该策略的优势

- 孩子们对奖励措施反应良好，这是一种非常特别的待遇。
- 园长可能会因为奖励孩子而受到尊重，而不仅仅是给孩子留下管理纪律的印象。
- 园长有机会在社交层面上了解孩子们。
- 对于所有获得代币的孩子来说，抽奖可能是一周中最令人兴奋的时刻。

## 调整建议

（1）年龄较大的孩子可能不太愿意与园长共进下午茶。为什么不让他们选择一名自己喜欢的教师和他们共度时光呢？园长可以通过代课来支持这一安排，确保被选中的教师有时间参与下午茶活动。

（2）你也可以带孩子们去附近的咖啡馆，而不是在幼儿园里喝下午茶。

## 思考

（1）与园长共进下午茶固然令人兴奋，但你能否安排其他人来学校与孩子们一起共进下午茶，以作为学期末的特别款待？那个人是谁呢？

（2）每次会有多少孩子参加下午茶活动？

**资源链接**

策略 29　抽奖券
策略 68　期末 / 年终颁奖典礼

# 策略 92 自由选择

## 说明

奖励儿童良好行为最有效的方法之一，就是让他们在玩具或活动方面拥有“自由选择”的权利。总有一些孩子特别喜欢的资源，比如编程机器人、特别的足球、彩色记号笔等，以及像玩计算机、爬攀爬架或者向教师提出“20 个问题”这样的活动。所有这些活动都能激发孩子们的兴趣和动力——通过了解这些资源和活动，你可以在孩子们完成指定的任务后，将其作为“自由选择”的一部分提供给他们。

## 实用小贴士

- 为了便于管理，请确保为孩子们提供可“自由选择”的六种资源和六种活动。这样一来，可以避免孩子们因选择过多而难以管理，否则可能会导致他们出现行为上的问题！
- 请确保这些“自由选择”的资源和活动能够被随时使用，以便孩子们充分参与（同时也要确保他们有足够的时间享受这些资源和活动！）。
- 请将这些资源和活动分散到每一天，而不是总安排在周五下午。如果一个孩子必须得等到周五下午才能享受“自由选择”的快乐，而那天他恰好生病了，那么他从周一到周四努力表现的动力又是什么呢？

## 使用该策略的优势

- 如果孩子们有自己想要玩的物品或想做的事情，他们就更有可能表现良好，并更加努力地学习。相比之下，如果只是给他们提供教师认为有趣的活动或资源，效果可能就没那么好了。

- 资源和活动可以根据你所照看的孩子的需求和兴趣频繁调整。
- 当教师或保育员看到孩子们投入真正想做的事情中时，他们会发现孩子们展现出“不同的一面”。

## 调整建议

（1）对于年幼的孩子，教师可以在一天中安排固定的时段用于“自由选择”，这样孩子们就不必等到课程 / 一天 / 一周结束时才能获得这项奖励。

（2）对于年龄较大的孩子，允许他们选择一些能让一群孩子或全班同学都参与其中的活动。

（3）鼓励家长和照顾者在家里将“自由选择”作为孩子做出良好行为的奖励。

## 思考

（1）你认为孩子们在“自由选择”时会选择哪些活动？他们的选择受什么因素影响？

（2）孩子们做出的“自由选择”会对时间、金钱、空间、地点和资源产生哪些影响？你如何应对这些影响？

**资源链接**

策略 99 影视时间
策略 90 个体奖励方案

# 策略 93　奖励图表

海伦·威尔逊

## 说明

奖励图表是一种简单的每日或每周记录图表，用于及时捕捉孩子的积极行为。每个孩子都希望知道自己做对了什么，而奖励图表正是一种简单却有效的方式，可以帮助教师记录这些积极行为。你可以通过贴贴纸、盖印章或给图表的部分区域涂色来奖励孩子的积极表现。这种方式非常直观，能够清晰地展示孩子在行为方面的进步。同时，它也能帮助你关注并肯定孩子做得好的地方，而不是只盯着他们的负面行为。奖励图表设计起来非常简单，你可以自己设计，也可以根据孩子喜欢的主题购买现成的素材。

## 实用小贴士

- 你的积极性是让奖励图表发挥作用的关键——不要敷衍了事地使用它，而且从一开始就要让孩子参与进来。
- 选择一种积极行为进行重点奖励。
- 切记及时奖励积极的行为，以达到最佳效果。
- 确保所有相关人员都参与其中，并对特定行为给予一致的赞扬和奖励。
- 确保孩子和大人都能看到图表，以最大化其影响力。
- 坚持奖励积极行为。

## 使用该策略的优势

- 奖励图表是一种简单且易于管理的资源，能够帮助大家共同关注积极行为。

- 它强调的是积极行为，而非负面行为。
- 奖励图表非常灵活，可以根据不同情况进行调整和使用。
- 这种图表能让孩子明白延迟满足的重要性——他们需要通过努力才能获得最终的奖励。

## 调整建议

（1）你可以使用奖励图表来鼓励多种积极行为，如认真倾听、说“请”和“谢谢”、分享以及帮忙整理物品。

（2）奖励图表也可用于多个孩子，以促进特定的积极行为，比如认真地收拾书本。

（3）你可以根据孩子的兴趣调整图表的主题，使其更贴合某个孩子或一群孩子的特点——设计一棵“友善树”，每片叶子代表对一次善举的奖励；或者设计一只章鱼，每条触手上的吸盘代表一次奖励。

## 思考

（1）奖励图表对所有孩子都有效吗？你必须真正了解什么方法对每个孩子有效，才能改变他们的行为。

（2）你是否会让所有与孩子接触的教师和家长都使用奖励图表？

**资源链接**

策略 5　积极的表扬
策略 27　印章
策略 41　贴纸
策略 31　助教

# 策略 94 特殊待遇

## 说明

每名教师都知道，孩子们因自己的良好表现和行为而获得奖励时会感到开心。其中一种奖励方式是给予他们特殊待遇（特权）——为少数孩子提供的特殊活动、任务或“工作”。这些特权可以在适当的时候使用，而且形式多样，例如：第一个排队进入餐厅；将点名册送到园长办公室；坐在教师旁边；牵着教师的手，带领全班同学进入礼堂集合；在课程结束时负责关灯。孩子们非常喜欢这些特权，尤其是当你让他们感受到这些特权“很特别”和“很重要”时。

## 实用小贴士

- 与同事合作，确定你在幼儿园里可以使用不同的特权。
- 记录哪些孩子获得了哪些特权，确保所有孩子都能公平地享有获得特权的机会。
- 考虑特权的使用频率——如果一直使用，是否会削弱它们的激励效果?
- 与孩子们讨论他们希望争取哪些特权——他们如果能参与决定，那么会更有动力去争取。
- 在教室里展示这些特权，提醒孩子们有哪些特权可供争取。

## 使用该策略的优势

- 孩子们喜欢被赋予“特殊任务”——这会让他们感到被认可，并提升自我价值感。
- 对于教师来说，这些特殊待遇可能看似简单，但对孩子们来说意义重大且重要。

- 当孩子们获得特殊的待遇时，他们会获得一种成就感；一旦获得过一次，他们会更加努力以争取下一次机会。

## 调整建议

（1）将年龄较大的孩子分组，让他们谈谈在课堂上有哪些“特殊”或“重要”的待遇——你可能会对他们眼中的“特殊”感到惊讶！

（2）对于年龄较小的孩子，你可以通过口头表扬让他们感到自己很重要，比如称赞他们是“特别”的扫地小能手，或者让他们成为唯一可以坐在教师椅子上的孩子。

## 思考

（1）你是否在你的班级里给予过儿童特殊待遇？这种方法有效吗？如果有效，原因是什么？如果无效，又是为什么？

（2）你是否可以为孩子们提供一些有助于日常活动顺利开展的特殊待遇，如做点名小助手、牛奶分发员或衣帽间管理员等？

**资源链接**

策略 90　个体奖励方案

策略 92　自由选择

# 策略 95　小组积分

## 说明

这一策略的核心理念是鼓励孩子们在各自的“小组”中合作，通过共同努力来赚取积分。

孩子们可以通过多种方式获得积分。你可以根据具体需求调整规则，以管理特定行为。例如，孩子们可以因为举手发言、整理桌面、合作良好、遵守指令、专注于任务或出色地完成工作而获得积分。在每周结束时、学期中或学期末，统计每个小组的总积分。根据你在周初或学期初设定的规则，获胜的小组将赢得集体奖励或荣誉。

## 实用小贴士

- 每周在教室的公告板上公布每个小组的积分，让孩子们随时了解自己的表现——这会引发良性竞争，提高儿童的积极性。
- 在开始活动前，可以通过提及积分来提醒孩子们行为规范。
- 提醒孩子们他们是团队中的一员，以激发其合作精神。
- 引导孩子们回顾获得积分的原因，这有助于强化他们对行为规范的认知。
- 偶尔将积分奖励给某个孩子，并将积分计入整个小组的总分中。这个孩子会因此得到同伴的认可，其他孩子也会努力效仿，因为他们渴望得到同样的认可。
- 有了小组积分后，你可以奖励孩子们在课间休息时留在室内活动一周。

## 使用该策略的优势

- 孩子们会为了他们的小组共同努力。
- 这是一种累积的奖励策略，可以给予儿童即时和长期的认可。
- 孩子们会清楚地了解你的期望。
- 你可以轻松调整奖励的内容，孩子们会对即将获得的奖励充满期待！
- 你可以将数学融入这一策略之中。孩子们可以学习使用统计图表。你甚至可以邀请一些孩子整理数据并制作柱状图，在学期末或一周结束时展示出来。

## 调整建议

（1）可以将各小组的积分进行汇总。当积分统计完成后，整个小组中的成员可以一起获得奖励。奖励方式可以是给小组中的所有孩子举办一个派对、额外增加一次游戏时间，或者赠送一份小礼物。

（2）你可以鼓励孩子们为班级争取积分，并与其他班级竞争。可以在学期末的集会上统计并公布积分结果。

## 思考

（1）你所在的班级是否设有小组机制？如果没有，你是否考虑引入这一机制？你会给这些小组起什么名字？

（2）你可以让孩子们参与选择奖励吗？如何实现这一点？

（3）你希望从小组中看到孩子们的哪些行为表现？

**资源链接**

策略 68　期末 / 年终颁奖典礼

# 策略 96 全班奖励机制

## 说明

孩子们可以以班级为单位来“赚取”积分或奖励点数；当积分或点数达到一定数量时，全班将获得奖励。你可以通过讨论，与孩子们一起确定如何赚取这些积分或点数，如：认真整理、在活动场所内行为得当、善于合作、爱护公共财物，或者全班认真听讲。请确保所有孩子都能参与其中。每当孩子们齐心协力并达到约定的标准时，他们就会获得奖励或可兑换某些特殊待遇的代币。

具体的奖励内容可以由你和孩子们共同决定。以下是一些建议：降落伞游戏时间、额外的游戏时间、班级派对时间、影视时间、运动时间、自由选择的时间、自由使用计算机的时间或烘焙时间。

## 实用小贴士

- 让孩子们参与选择奖励内容。
- “举起手来”（Gimme 5）是一个很好的口令方法，可以提示孩子们停下手中的事情并听你的口令。当你喊“举起手来”时，孩子们只需放下手中的事情、停止说话、看向你并举起手。如果孩子们在你喊“举起手来”时都能停下来，你可以奖励他们积分。
- 可以向孩子们解释奖励将在何时发放——或许可以将奖励时

间安排在下午，而不是上午。如果孩子们在周一上午有自由选择时间，他们可能会很难重新集中注意力！

- 在教室里的图表上记录积分或点数，让孩子们清楚地看到他们还需要多少积分才能获得奖励。

## 使用该策略的优势

- 鼓励孩子们共同努力有助于他们建立一种团队精神，这将有助于你开展小组活动。
- 孩子们会一起享受奖励带来的乐趣。
- 这些奖励不仅对孩子们来说很有趣，也可以让你从中获得乐趣。
- 你可以灵活地调整积分的类型和孩子们获得的奖励，以使这一策略长期有效。

## 调整建议

（1）根据你的教学环境，你可能需要将孩子们分组。如果你在一个较大的开放环境中，奖励可能会来得非常快，导致难以管理和安排。将孩子们分成奖励小组，可以克服这些问题。

（2）你可以邀请年龄较大的孩子参与制定获得积分 / 点数的标准，并指定专人负责记录。

## 思考

（1）在班级中，你会因为什么给予儿童积分或点数？

（2）在班级中，你会给孩子们什么奖励？

（3）孩子们需要收集多少积分 / 点数才能获得奖励？

**资源链接**

策略 95　小组积分
策略 97　排队奖励

# 策略 97　排队奖励

## 说明

从很小的时候起，孩子们在教育环境中就被要求排队，排队的原因多种多样，比如午餐、集会或转移到新的活动地点。排队和列队移动对孩子们来说并不容易——他们常常会在移动过程中产生推搡或发生争执。为了帮助孩子们在排队时做出正确的选择，你可以引入一种积极的奖励策略。每次午餐时间、游戏时间或集会结束时，为表现最好的队伍颁发一个奖项。奖项可以是奖杯、奖章或吉祥物。为了进一步巩固这一策略的效果，你可以鼓励孩子们在排队时支持他人，并示范良好的行为。

## 实用小贴士

- 安排几个孩子担任队列监督员，分别站在队伍的前后，为其他孩子示范如何排队。
- 在教室墙上设置一个“排队奖励表”，写上每个小组 / 班级的名称。每次给表现最好的小组颁发“奖杯”或奖励“星星”奖章。
- 尽量各安排一名成人站在队伍的前后（与监督员一起），帮助孩子们有序地前往目的地。
- 让孩子们共同制定排队的规则，以便他们清楚你的期望。
- 按小组或桌组顺序依次叫孩子们排队，避免所有人同时拥挤。

## 使用该策略的优势

- 孩子们能够学会更有序、安静地移动。
- 孩子们会觉得与其他同伴之间的竞争很有趣。
- 孩子们通过共同努力达成目标，这种方式有助于培养他们之间的互助关系。
- 有序排队很快就会成为孩子们的习惯，他们不再需要过多的提醒。

## 调整建议

（1）可以让年龄较大的儿童来评判年龄较小的儿童小组的表现，并决定哪一组获得奖励。

（2）你可以在前往目的地的过程中用到“排队奖励”。孩子们会觉得集体移动很有挑战性。通过设定期望并扩大奖励范围，你可以帮助他们更好地管理自己的行为。

（3）每周组织所有小组的孩子排一次队，增加趣味性，并根据他们的表现打分。

## 思考

（1）一周结束时，你会如何表彰获得“排队奖励”的孩子？

（2）在你的班级里，谁来负责评奖？

**资源链接**

策略 96　全班奖励机制
策略 95　小组积分

# 策略 98　额外的游戏时间

海伦·威尔逊

## 说明

提供额外的游戏时间是一种非常简单、免费且有效的办法！“额外的游戏时间”是指结构化活动时间之外的任何时间，它可以融入正常的活动时间中，或者来自一天中的自然休息时间，既可以是室内游戏时间，也可以是户外游戏时间。额外的游戏时间可以作为对个人或一群孩子积极行为的奖励。这是一个让孩子们选择自己喜欢的活动，并投入更多时间参与其中的机会。它是一种非常有效的适合所有年龄段孩子的策略！

## 实用小贴士

- 额外的游戏时间可以作为对特定积极行为的即兴奖励，也可以在下一节课甚至第二天的计划中安排，以在时间紧迫的情况下达到最大的效果。
- 一定要向每个孩子核实他们最想要在游戏时间做什么。不要以为所有孩子都希望有更多的户外活动时间。有些孩子讨厌户外活动！
- 不要过度使用这种奖励，以免降低效果！
- 切勿将“收回”额外的游戏时间作为惩罚，因为它是对儿童积极行为的奖励。请使用另一种惩罚手段来应对儿童的不良行为。

- 让所有教职工在日常教学的各个环节中尝试使用这种奖励机制，以强化行为期望的一致性。

## 使用该策略的优势

- 它是一种没有任何成本的策略，可以根据每个儿童的需求量身定制。
- 你可以通过它了解儿童喜欢和不喜欢的游戏活动。
- 如果偶尔使用，额外的游戏时间可以是对特殊行为的特别奖励，也可以是对儿童完成奖励图表的奖励。

## 调整建议

（1）你可以让一个孩子或一群孩子与你一起计划额外的游戏时间内的所有活动。

（2）你可以通过分配特定的时间来奖励不同的积极行为，这样孩子们就可以选择是立即兑换他们的“时间点数”，还是将其积攒到周末再使用。

## 思考

（1）你是否了解孩子们喜欢和不喜欢的游戏活动？使用这一策略时，要确保让他们自己选择，不要替他们做选择！

（2）你的计划是否具有灵活性，以便你为个体安排额外的游戏时间？

**资源链接**

策略 31　助教
策略 32　学习导师
策略 33　午间督导员

# 策略 99 影视时间

## 说明

在我们共同教过的孩子中，他们都喜欢的奖励就是“影视时间”。使用电视机播放视频可以对孩子们的行为产生显著的影响，尤其是当整个小组 / 班级需要共同努力来赚取影视时间时，这些时间可以在一天或一周内累积。电视机可以作为一种有用的教学资源，通过教育节目向孩子们传授知识。影视时间还可以成为激励孩子们表现良好的有效方式，特别是当他们可以从你提供的视频中选择自己想看的内容时。

## 实用小贴士

- 避免总是在周五下午安排影视时间——偶尔换个时间，比如周二上午，给孩子们一个惊喜。
- 如果孩子们喜欢某些特定的影视作品，请确保你有可供他们选择的视频清单，并确保你获得公开播放这些视频的许可。
- 提前筛选视频的内容，避免出现不适合儿童观看的画面。
- 鼓励孩子们从家里带来他们想播放的视频文件和影碟——确保它们不是长片，而是他们喜欢观看的 10~15 分钟的节目。

## 使用该策略的优势

- 当孩子们表现出良好的行为时，影视时间是一种可用的奖励方法。
- 影视时间为所有孩子提供了一个共同的目标，即表现良好——如果你在周初展示孩子们可能会观看的视频清单，那么孩子们在知道他们的奖励是什么时，就更有可能表现良好。
- 影视时间是培养孩子们的注意力和专注力的有效方式，这些都是他们在成长过程中需要培养的能力。

## 调整建议

（1）对于年龄较大的孩子，他们可以将几周内累积的影视时间合并使用，用来观看长达 25 分钟的节目，而不是短短 10 分钟的视频片段。

（2）如果教师在孩子们观看节目之前已经预先观看过，影视时间就可以成为一种宝贵的学习机会——教师可以设置一些问题，孩子们如果在观看后答对，就可以获得更多的影视时间！

## 思考

（1）在你的班级里，孩子们喜欢看哪些节目？你是如何知道的？

（2）你可以从哪里找到孩子们喜欢的节目？

（3）哪些节目是你不允许孩子们观看的？为什么？

**资源链接**

策略 93　奖励图表
策略 96　全班奖励机制

# 附录

## 行为观察记录表1

| | | 活动 | 环境 | 行为 | 事件 | 结果 |
|---|---|---|---|---|---|---|
| 开始时间 | | | | | | |
| 结束时间 | | | | | | |
| 儿童姓名 | | | | | | |
| 儿童年龄 | | | | | | |
| 观察者姓名 | | | | | | |
| 意见 | | | | | | |

请参阅“选择策略前需要考虑的事项”。

## 行为观察记录表 2

儿童姓名：　　　　　　日期：　　　　　　观察者：

| | | 8:30—9:00 | 9:00—10:00 | 10:00—11:00 | 11:00—12:00 | 12:00—13:00 | 13:00—14:00 | 14:00—15:00 | 15:00—15:30 |
|---|---|---|---|---|---|---|---|---|---|
| **行为** | 大声哼唱<br>行为干扰<br>大声叫喊<br>表现出攻击性<br>使用不当的语言<br>拒绝参与活动 | | | | | | | | |
| **起因** | 被告知“不行”<br>被告知“等待”<br>被要求离开<br>被要求做某项活动<br>没有和朋友一起活动<br>不喜欢这个活动<br>有家庭问题 | | | | | | | | |
| **结果** | 被要求休息一下<br>收到警告<br>得到关注<br>从环境中被带离<br>使用行为图表<br>行为被忽视 | | | | | | | | |

汇总并参阅“选择策略前需要考虑的事项”。

# 行为观察记录表 3

集体活动评估

**儿童姓名：**

| 行为 | 2 分钟 | 4 分钟 | 6 分钟 | 8 分钟 | 10 分钟 | 12 分钟 | 14 分钟 | 16 分钟 |
|---|---|---|---|---|---|---|---|---|
| 触摸其他孩子 | | | | | | | | |
| 大声叫喊 | | | | | | | | |
| 摆弄衣物 | | | | | | | | |
| 与同伴交谈 | | | | | | | | |
| 对他人表现出攻击性 | | | | | | | | |
| 在地毯区爬来爬去 | | | | | | | | |
| 说脏话 | | | | | | | | |
| **总分** | | | | | | | | |

孩子每次在活动中表现出上述行为时，教师只需在相应的方框内打钩。汇总并参阅“选择策略前需要考虑的事项”。

## 选择策略前需要考虑的事项

在回顾行为观察记录表时，在采取行动之前，请考虑以下事项：

- 事件发生在一天中的什么时间？
- 事件发生时，谁在孩子周围？
- 行为发生的频率如何？是否只有一种类型的行为在重复出现？
- 行为发生在哪里？
- 一周中哪一天发生的事件更多？
- 你认为孩子试图传达什么？
- 孩子之前是否得到过支持？如果是，孩子过去对哪种形式的支持有反应？
- 曾经教过这个孩子的同事是否可以提供一些有用的相关信息？这可能有助于你在管理孩子的行为上获得支持。
- 你能否与孩子的家人交谈，讨论可能在家里发生的事件？这些事件可能影响了孩子在该环境中的行为。
- 如果孩子的家庭没有出现过任何问题，那么孩子的家人是否能提供一些他们的教育想法或在家里实施过的策略？
- 你是否知道孩子的家里存在一些家长不愿透露的问题？
- 这是一次性的事件，还是经常发生的行为事件？
- 你与孩子的关系好吗——也许你可以询问一下同事的意见？
- 孩子给你的工作带来了挑战吗？
- 孩子是否觉得活动任务过于具有挑战性？
- 孩子是对同龄人发起的活动反应更好，还是对教师主导的活动反应更好？
- 孩子与其他人社交时有何反应？

现在考虑了这些事项之后，请查看各个章节，寻找你认为可能对观察到的孩子有效的策略。

## 策略效果评分表

| 策略 | 页码 | 效果评分 | 意见 |
|---|---|---|---|
| | | /10 | |
| | | /10 | |
| | | /10 | |
| | | /10 | |
| | | /10 | |
| | | /10 | |

# 参考文献


Cowley, S. (2010) *Getting the Buggers to Behave*, 4th edn. London: Continuum.

Department for Children, Schools and Families (DCSF) (2008a) *Statutory Framework for the Early Years Foundation Stage*. London: DCSF.

Department for Children, Schools and Families (DCSF) (2008b) *The Independent Review of the Primary Curriculum*. London: DCSF.

Dix, P. (2010) *The Essential Guide to Taking Care of Behaviour.* Harlow: Pearson.

Gardner, H. (2006) *Multiple Intelligences: New Horizons in Theory and Practice*. New York: Basic Books.

Hardin, C.J. (2004) *Effective Classroom Management: Models and Strategies for Today's Classrooms.* Columbus, OH: Merrill Prentice Hall.

Maslow, A.H. (1943) 'A Theory of Human Motivation', *Psychological Review* 50(4): 370–396.

Ofsted (2006) *Improving Behaviour.* London: Ofsted.

Piaget, J. (1951) *The Psychology of Intelligence*. London: Routledge.

Rogers, B. and McPherson, E. (2008) *Behaviour Management with Young Children*. London: Sage.

Shelton, F. and Brownhill, S. (2008) *Effective Behaviour Management in the Primary Classroom*. Maidenhead: Open University Press.

Van der Veer, R. and Valsiner, J. (1991) *Understanding Vygotsky: A Quest for Synthesis*. Oxford: Basil Blackwell.